全国高职高专机械设计制造类工学结合"十二五"规划系列教材

丛书顾问　陈吉红

机械制图及计算机绘图

（上册）

主　编　李　芬　须　丽　吴悦乐
副主编　陈　明　张同彪　孟　灵
　　　　徐保亮

华中科技大学出版社

中国·武汉

内 容 简 介

本书是根据高职高专人才培养目标,总结近年来的教学改革与实践,参照最新的"技术制图"和"机械制图"国家标准编写而成的。上册共 5 章,分别为机械制图的基本知识、正投影的基本原理、立体的投影、组合体的投影、机件的表达方法等。每章均有"本章提要"和"本章小结",便于学生自学。

本书可作为高职高专机械及近机械类专业基础课教材,也可供工程技术人员参考。

图书在版编目(CIP)数据

机械制图及计算机绘图(上册)/李 芬 须 丽 吴悦乐 主编.—武汉:华中科技大学出版社,2012.6(2022.7 重印)
ISBN 978-7-5609-7932-8

Ⅰ. 机… Ⅱ.①李… ②须… ③吴… Ⅲ.①机械制图-高等职业教育-教材 ②机械制图-计算机制图-高等职业教育-教材 Ⅳ.TH126

中国版本图书馆 CIP 数据核字(2012)第 086001 号

机械制图及计算机绘图(上册)   李 芬 须 丽 吴悦乐 主编

策划编辑:严育才
责任编辑:姚 幸
封面设计:范翠璇
责任校对:朱 玢
责任监印:张正林
出版发行:华中科技大学出版社(中国·武汉)   电话:(027)81321913
         武汉市东湖新技术开发区华工科技园   邮编:430223
录 排:华中科技大学惠友文印中心
印 刷:武汉邮科印务有限公司
开 本:710mm×1000mm 1/16
印 张:14
字 数:289 千字
版 次:2022 年 7 月第 1 版第 6 次印刷
定 价:26.80 元

全国高职高专机械设计制造类工学结合"十二五"规划系列教材

编委会

全国高职高专机械设计制造类工学结合"十二五"规划系列教材

序

目前我国正处在改革发展的关键阶段,深入贯彻落实科学发展观,全面建设小康社会,实现中华民族伟大复兴,必须大力提高国民素质,在继续发挥我国人力资源优势的同时,加快形成我国人才竞争比较优势,逐步实现由人力资源大国向人才强国的转变。

《国家中长期教育改革和发展规划纲要(2010—2020 年)》提出:"发展职业教育是推动经济发展、促进就业、改善民生、解决'三农'问题的重要途径,是缓解劳动力供求结构矛盾的关键环节,必须摆在更加突出的位置。职业教育要面向人人、面向社会,着力培养学生的职业道德、职业技能和就业创业能力。"

高等职业教育是我国高等教育和职业教育的重要组成部分,在建设人力资源强国和高等教育强国的伟大进程中肩负着重要使命并具有不可替代的作用。自从 1999 年党中央、国务院提出大力发展高等职业教育以来,培养了 1300 多万高素质技能型专门人才,为加快我国工业化进程提供了重要的人力资源保障,为加快发展先进制造业、现代服务业和现代农业作出了积极贡献;高等职业教育紧密联系经济社会,积极推进校企合作、工学结合人才培养模式改革,办学水平不断提高。

"十一五"期间,在教育部的指导下,教育部高职高专机械设计制造类专业教学指导委员会根据《高职高专机械设计制造类专业教学指导委员会章程》,积极开展国家级精品课程评审推荐、机械设计与制造类专业规范(草案)和专业教学基本要求的制定等工作,积极参与了教育部全国职业技能大赛工作,先后承担了"产品部件的数控编程、加工与装配"、"数控机床装配、调试与维修"、"复杂部件造型、多轴联动编程与加工"、"机械部件创新设计与制造"等赛项的策划和组织工作,推进了"双师"队伍建设和课程改革,同时为工学结合的人才培养模式的探索和教学改革积累了经验。2010 年,教育部高职高专机械设计制造类专业教学指导委员会数控分委会起草了《高等职业教育数控专业核心课程设置及教学计划指导书(草案)》,并面向部分高职高专院校进行了调研。根据各院校反馈的意见,教育部高职高专机械设计制造类专业教学指导委员会委托华中科技大学出版社联合国家示范(骨干)高职院校、部分重点高职院校、武汉华中数控股份有限公司和部分国家精品课程负责人、一批层次较高的高职院校教师组成编委会,组织编写全国高职高专机械设计制造类工学结合"十二五"规划系列教材。

本套教材是各参与院校"十一五"期间国家级示范院校的建设经验以及校企

结合的办学模式、工学结合的人才培养模式改革成果的总结,也是各院校任务驱动、项目导向等教、学、做一体的教学模式改革的探索成果。因此,在本套教材的编写中,着力构建具有机械类高等职业教育特点的课程体系,以职业技能的培养为根本,紧密结合企业对人才的需求,力求满足知识、技能和教学三方面的需求;在结构上和内容上体现思想性、科学性、先进性和实用性,把握行业岗位要求,突出职业教育特色。

具体来说,力图达到以下几点。

(1) 反映教改成果,接轨职业岗位要求。紧跟任务驱动、项目导向等教学做一体的教学改革步伐,反映高职高专机械设计制造类专业教改成果,引领职业教育教材发展趋势,注意满足企业岗位任职知识、技能要求,提升学生的就业竞争力。

(2) 创新模式,理念先进。创新教材编写体例和内容编写模式,针对高职高专学生的特点,体现工学结合特色。教材的编写以纵向深入和横向宽广为原则,突出课程的综合性,淡化学科界限,对课程采取精简、融合、重组、增设等方式进行优化。

(3) 突出技能,引导就业。注重实用性,以就业为导向,专业课围绕高素质技能型专门人才的培养目标,强调促进学生知识运用能力,突出实践能力培养原则,构建以现代数控技术、模具技术应用能力为主线的实践教学体系,充分体现理论与实践的结合,知识传授与能力、素质培养的结合。

当前,工学结合的人才培养模式和项目导向的教学模式改革还需要继续深化,体现工学结合特色的项目化教材的建设还是一个新生事物,处于探索之中。随着这套教材投入教学使用和经过教学实践的检验,它将不断得到改进、完善和提高,为我国现代职业教育体系的建设和高素质技能型人才的培养作出积极贡献。

谨为之序。

教育部高职高专机械设计制造类专业教学指导委员会主任委员
国家数控系统技术工程研究中心主任
华中科技大学教授、博士生导师　　陈吉红

2012年1月于武汉

前　　言

为了满足新形势下高职教育高素质技能型专门人才的培养要求,在总结近年来工作过程导向人才教学实践的基础上,由来自上海工程技术大学高等职业技术学院和襄阳职业技术学院等院校的教学一线教师编写了本书。

在本书的编写过程中,在内容的选择上注意与企业对人才的需求紧密结合,力求满足学科、教学和社会三方面的需求;同时根据本专业培养目标和学生就业岗位实际,在广泛调研基础上,选取来自生产生活的典型零件为教学载体,并以工作过程为导向,突出应用性;以培养学生的尺规绘图、徒手绘图和计算机绘图实践能力为重点,注重三者的有机结合,突出本书的科学性、实践性、先进性和实用性。

本书为全国高职高专机械设计制造类工学结合“十二五”规划系列教材,具有以下特点。

1. 采纳最新的“技术制图”和“机械制图”国家标准,与时俱进,充分体现了本书的先进性。

2. 融传统的尺规绘图和现代的计算机绘图内容于一体。

3. 习题题型多样化,既有计算机绘图题,也有尺规作图题,充分体现了本书的实践性。

4. 紧密围绕高职高专的培养目标,满足学生的可持续发展,本书内容和结构体系均体现高职高专特色。

本书分上下两册,上册内容包括:机械制图的基本知识、正投影的基本原理、立体的投影、组合体的投影、机件的表达方法等。

本书可作为高职高专机械及近机械类专业“机械制图及计算机绘图”课程或相近课程的教材,也可供工程技术人员参考。

上册由李芬、须丽、吴悦乐任主编,陈明、张同彪、孟灵、徐保亮任副主编。参加上册编写工作的有:襄阳职业技术学院李芬(第1章),襄阳职业技术学院陈明(第2章),襄阳职业技术学院孟灵(第3章),上海工程技术大学高等职业技术学院须丽、张同彪(第4章),上海工程技术大学高等职业技术学院吴悦乐、徐保亮

（第 5 章）。

　　与本书配套的有《机械制图与计算机绘图习题集》。

　　本书的编写得到了教育部高职高专机械设计制造类教学指导委员会主任委员陈吉红教授的亲切指导，以及各参编院校领导的大力支持，在此表示衷心的感谢。

　　由于编者水平有限，书中难免存在的错讹和不足之处，恳请广大读者批评指正。

编　者

2012 年 2 月

目　录

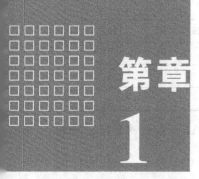

第章
1

机械制图的基本知识

本章提要

本章主要介绍"技术制图"及"机械制图"国家标准中有关图纸幅面、比例、字体、图线及尺寸标注等内容;绘图工具及其使用方法;几何图形及平面图形的绘图方法;徒手绘图的方法及步骤;AutoCAD 基础知识。

1.1 国家标准的基本规定

图样是设计和制造产品的重要技术文件,是工程界表达和交流技术思想的共同语言。因此图样的绘制必须遵守统一的规范,这个统一的规范就是"技术制图"和"机械制图"的中华人民共和国国家标准,简称国标,用 GB 或 GB/T(GB 为强制性国家标准,GB/T 为推荐性国家标准)表示,本节将摘要介绍"技术制图"及"机械制图"国家标准中的有关内容。工程技术人员在绘制工程图样时必须严格遵守,认真贯彻国家标准。

1.1.1 图纸幅面与格式

1. 图纸幅面

为了使图纸幅面统一,便于装订和保管及符合缩微复制原件的要求,国家标准《技术制图 图纸幅面和规格》(GB/T 14689—2008)对图纸幅面尺寸和格式及有关的附加符号作了统一规定。

图纸的基本幅面有五种,分别用 A0、A1、A2、A3、A4 表示幅面。绘制技术图样时,应优先采用表 1-1 所规定的基本幅面;必要时,可以按规定加长幅面,但加长后的幅面尺寸是基本幅面的短边整数倍。如图 1-1 所示,图中粗实线表示为基本幅面,细实线和细虚线所示为加长幅面。

表 1-1　图纸幅面尺寸

幅面代号	A0	A1	A2	A3	A4
$B \times L/(\text{mm} \times \text{mm})$	841×1 189	594×841	420×594	297×420	120×297
e	20			10	
c	10			5	
a	25				

　　在图纸的基本幅面中，A0 幅面的面积为 $1\ \text{m}^2$，自 A1 开始依次是前一种幅面尺寸的一半。

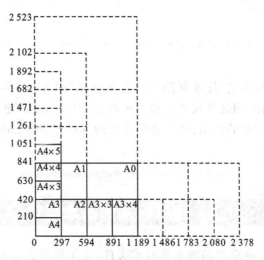

图 1-1　图纸幅面及加长幅面(单位:mm)

2. 图框格式

　　在图纸上必须用粗实线画出图框。图框有两种格式:不留装订边和留有装订边。同一产品中所有图样应采用同一格式。

　　不留装订边的图纸的图框格式如图 1-2 所示,留有装订边的图纸的图框格式如图 1-3 所示;尺寸见表 1-1。

　　为了使图样复制和缩微摄影时定位方便,可采用对中符号。对中符号是从周边画入图框内约 5 mm 的一段粗实线,如图 1-4 所示。

3. 标题栏

　　为使绘制的图样便于管理及查阅,每张图都必须有标题栏。通常,标题栏应位于图纸的右下角。看图的方向应与标题栏中文字的方向一致,如图 1-2、图 1-3所示。

　　对于使用预先印好边框的图纸,当看图的方向与标题栏中文字方向不一致时,为了明确绘图和看图时的图纸方向,应在图纸的下边对中符号处画出一个方

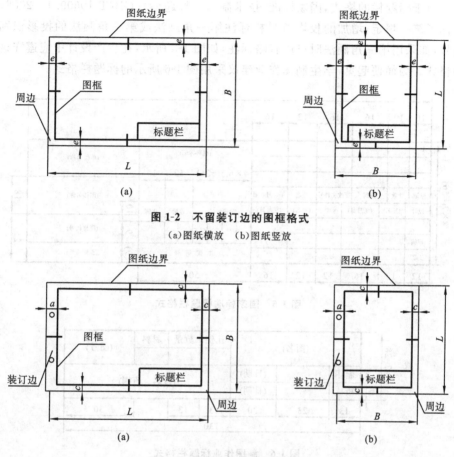

图 1-2 不留装订边的图框格式

(a)图纸横放 (b)图纸竖放

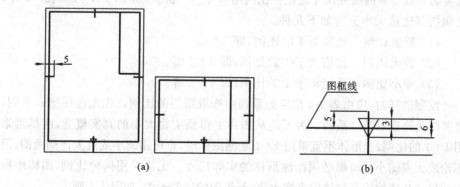

图 1-3 留有装订边的图框格式

(a)图纸横放 (b)图纸竖放

向符号,如图 1-4(a)所示。方向符号是用细实线绘制的等边三角形,其大小和所处位置如图 1-4(b)所示。

图 1-4 对中符号和方向符号

对于标题栏的格式，国家标准《技术制图 标题栏》（GB/T 10609.1—2008）已作了统一规定，增加的投影符号栏标注第一角画法或第三角画法的投影识别符号，如采用第一角画法时可以省略标注，如图1-5所示，在生产设计中应遵守这种格式。为简便起见，学生制图作业建议采用图1-6所示的标题栏格式。

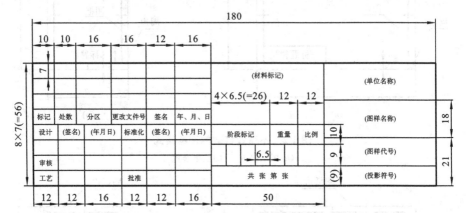

图 1-5　国家标准标题栏格式

图 1-6　制图作业标题栏格式

1.1.2　比例

在国家标准《技术制图 比例》（GB/T 14690—1993）中，比例是指图中图形与其实物相应要素的线性尺寸之比。比例用符号"："表示，如1∶1、1∶500、2∶1等，比例按其比值大小分为如下几种。

（1）原值比例　比值为1的比例，即1∶1。

（2）放大比例　比值大于1的比例，即2∶1等。

（3）缩小比例　比值小于1的比例，即1∶2等。

绘制图样时，应由表1-2规定的系列中选取适当的比例。优先选择第一系列，必要时允许选取第二系列。为了能从图样上得到实物大小的真实概念，应尽量采用1∶1的比例；当形体不宜采用1∶1绘制图样时，也可用缩小或放大比例画图，但不论放大或缩小时都必须标注形体的实际尺寸。无论采用何种比例，图样中所注的尺寸数值均应是物体的真实大小，与绘图的比例无关，如图1-7所示。

图样中的比例一般应标注在标题栏中的"比例"栏内。

表 1-2　比例

种　类	第 一 系 列	第 二 系 列
原值比例	1:1	—
放大比例	2:1　　　5:1 $1\times10^{n}:1$　$2\times10^{n}:1$　$5\times10^{n}:1$	2.5:1　　　4:1 $2.5\times10^{n}:1$　$4\times10^{n}:1$
缩小比例	1:2　　　1:5　　　1:10 $1:2\times10^{n}$　$1:5\times10^{n}$　$1:1\times10^{n}$	1:1.5　　1:2.5　　　1:3 $1:1.5\times10^{n}$　$1:2.5\times10^{n}$　$1:3\times10^{n}$ 1:4　　　1:6 $1:4\times10^{n}$　$1:6\times10^{n}$

注:n 为正整数。

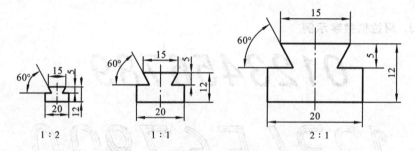

1:2　　　　　　1:1　　　　　　　　2:1

图 1-7　尺寸数值与绘图比例无关示例

1.1.3　字体

在图样中除了表示物体形状的图形外,还必须用文字和数字表示物体的技术要求和尺寸。国家标准《技术制图　字体》(GB/T 14691—1993)中对图样中的汉字、拉丁字母、希腊字母、阿拉伯数字、罗马数字的形式均作了规定。

1. 基本要求

(1) 图样中书写字体必须做到:字体工整、笔画清楚、间隔均匀、排列整齐。

(2) 字体高度(用 h 表示)的公称尺寸系列为:1.8,2.5,3.5,5,7,10,14,20 mm。如果要书写更大的字,其字体高度应按$\sqrt{2}$的比例递增。字体的高度代表字体的号数。

(3) 汉字应写成长仿宋体,并应采用国家正式公布推行的简化字。汉字的高度一般不应小于 3.5 mm,其字宽一般为 $h/\sqrt{2}$。

(4) 阿拉伯数字、罗马数字和拉丁字母等数字和字母,根据其笔画宽度 d 分为 A 型和 B 型。A 型字体的笔画宽度(d)为字高(h)的 1/14,B 型字体的笔画宽度(d)为字高(h)的 1/10。一般采用 B 型字体。在同一图样上,只允许选用一种形式的字体。

（5）字母和数字可写成斜体或直体。斜体字字头向右倾斜，与水平基准线成75°。

（6）用作指数、分数、极限偏差、注脚等的数字及字母，一般应采用小一号的字体。

2．汉字字体示例

10号字　字体工整　笔画清楚　间隔均匀　排列整齐

7号字　横平竖直　注意起落　结构均匀　填满方格

5号字　技术制图　机械电子　汽车船舶　土木建筑

3.5号字　螺纹齿轮 航空工业 施工排水 供暖通风 矿山港口

3．阿拉伯数字示例

0123456789

1234567890

4．罗马数字示例

Ⅰ Ⅱ Ⅲ Ⅳ Ⅴ Ⅵ Ⅶ Ⅷ Ⅸ Ⅹ

5．大写拉丁字母示例

ABCDEFGHIJKLMN

6．小写拉丁字母示例

abcdefghijklmnopqrstuvwxyz

1.1.4 图线

图线是指起点和终点间以任意方式连接的一种几何图形,形状可以是直线或曲线、连续线或不连续线。

1. 图线形式及应用

国家标准《技术制图 图线》(GB/T 17450—1998)中规定了 15 种基本线型及若干种基本线型的变形。国家标准《机械制图 图样画法 图线》(GB/T 4457.4—2002)规定了在机械图样中常用的 9 种图线。其名称、代码、线型、线宽及应用示例见表 1-3 和图 1-8。

表 1-3　机械图样中常用图线及其应用

图线名称	代码 No.	线　型	线宽	一 般 应 用
细实线	01.1	————————	$d/2$	过渡线、尺寸线、尺寸界线、指引线和基准线、剖面线、重合断面轮廓线、螺纹牙底线等
波浪线		〜〜〜〜〜	$d/2$	断裂处边界线、视图与剖视图的分界线
双折线		⌐⌐⌐⌐⌐	$d/2$	
粗实线	01.2	————————	d	可见棱边线、可见轮廓线、相贯线、螺纹牙顶线、螺纹长度终止线、齿顶圆(线)、剖切符号用线等
细虚线	02.1	⊢4~6⊣ ⊢1⊣ — — —	$d/2$	不可见棱边线、不可见轮廓线
粗虚线	02.2	⊢4~6⊣ ⊢1⊣ ▬ ▬ ▬	d	允许表面处理的表示线
细点画线	04.1	⊢15~30⊣ ⊢3⊣ —·—·—	$d/2$	轴线、中心线、对称线、分度圆(线)、剖切线
粗点画线	04.2	⊢15~30⊣ ⊢3⊣ ▬·▬·▬	d	限定范围表示线
细双点画线	05.1	⊢~20⊣ ⊢5⊣ —··—··—	$d/2$	相邻辅助零件的轮廓线、可动零件的极限位置的轮廓线、轨迹线、中断线等

2. 图线宽度和图线组别

在机械图样中采用粗细两种线宽,它们的比例是 2:1。图线宽度和图线组别的选择应根据图样的类型、尺寸、比例和缩微复制的要求,在表 1-4 中选用。

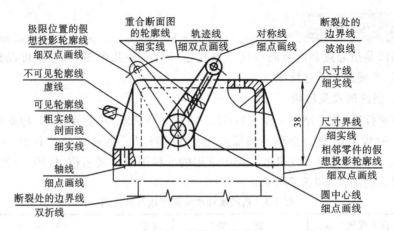

图 1-8　图线应用示例

表 1-4　图线宽度和图线组别（GB/T 4457.4—2002）

线型组别	对应的线型宽度	
	粗实线、粗虚线、粗点画线	细实线、波浪线、双折线 细虚线、细点画线、细双点画线
0.25	0.25	0.13
0.35	0.35	0.18
0.5*	0.5	0.25
0.7*	0.7	0.35
1	1	0.5
1.4	1.4	0.7
2	2	1

注：* 为优先采用的图线组别。

3. 图线画法

（1）同一图样中同类图线的宽度应基本一致。

（2）虚线、点画线及双点画线的线段长度和间距应各自大致相等。

（3）点画线、双点画线的首末两端应是线段，而不是短画。点画线、双点画线的点不是点，而是一个约 1 mm 长的短画。

（4）绘制圆的中心线，圆心应为线段的交点。

（5）在较小的图形上绘制点画线或双点画线有困难时，可用细实线代替。

（6）虚线与虚线相交、虚线与点画线相交，应以线段相交；虚线、点画线如果是粗实线的延长线，应留有空隙；虚线与粗实线相交，不留空隙。

（7）图线的颜色深浅程度要一致，不要粗线深细线浅。

图线的应用示例见图 1-9。

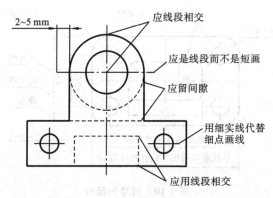

图 1-9　图线的应用示例

1.1.5　尺寸标注

　　图样中的图形只能表达机件的形状,而机件的大小则必须通过标注尺寸来表示。标注尺寸是制图中一项极为重要的工作,必须认真细致,一丝不苟,以免给生产带来不必要的困难和损失。标注尺寸时,必须按国家标准的规定标注。参照的国家标准有:《技术制图　简化表示法　第 2 部分:尺寸注法》(GB/T 16675.2—1996),《机械制图　尺寸注法》(GB/T 4458.4—2003)。

1. 基本规则

　　(1) 机件的真实大小以图样所注的尺寸数字为依据,与图形的大小(即与绘图比例)及绘图的准确度无关。

　　(2) 图样中的尺寸(包括技术要求和其他说明)以 mm 为单位时,不需标注计量单位的代号或名称;若采用其他单位,则必须注明相应的计量单位的代号或名称。

　　(3) 图样中所标注的尺寸为该图样所示机件的最后完工尺寸,否则应另加说明。

　　(4) 机件的每一尺寸一般只标注一次,并标注在反映该结构最清晰的图形上。

2. 尺寸的组成

　　如图 1-10 所示,一个完整的尺寸应由尺寸界线、尺寸线(含尺寸线的终端)及数字和符号等组成。

　　(1) 尺寸界线　用以表示尺寸的范围,用细实线绘制。

　　尺寸界线应从图形的轮廓线、轴线或对称中心线处引出,也可直接利用这些图线作尺寸界线,尺寸界线应超出尺寸线 2～4 mm,如图 1-10 所示。

　　在光滑过渡处标注尺寸时,必须用细实线将轮廓线延长,从它们的交点处引出尺寸线。如图 1-10 所示。

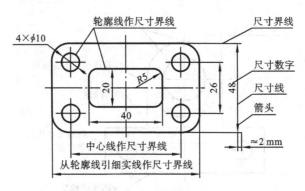

图 1-10　尺寸的组成

（2）尺寸线　用以表示尺寸的方向，用细实线绘制。

标注线性尺寸时，尺寸线必须与所注的线段平行。尺寸线应单独画出，不能用其他图线代替，一般也不得与其他图线重合或画在其延长线上。标注线性尺寸时，尺寸线与尺寸界线一般应相互垂直，必要时才允许倾斜，同时避免尺寸线与尺寸界线相交。

尺寸线的终端有箭头和斜线两种形式，如图 1-11 所示。

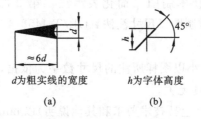

图 1-11　尺寸线终端形式

（a）箭头　（b）斜线

箭头终端如图 1-11（a）所示，适用于各种类型的图样，是机械图样中的基本形式。

斜线终端如图 1-11（b）所示，必须在尺寸线与尺寸界线相互垂直时才能使用。斜线终端用细实线绘制，方向以尺寸线为准，逆时针旋转 45°画出。

在同一图样中，一般只能采用一种尺寸线的终端形式。但当采用斜线终端形式时，图中圆弧的半径尺寸、投影为圆的直径尺寸及尺寸线与尺寸界线成倾斜的尺寸，这些尺寸线的终端应画成箭头。当采用箭头终端形式，遇到位置不够画出箭头时，允许用圆点或斜线代替箭头。

（3）尺寸数字和符号　用以表示尺寸的大小。

线性尺寸数字的注写规定如下。

水平方向的尺寸一般应注写在尺寸线的上方，数字字头向上；铅垂方向的尺寸一般应注写在尺寸线的左方，数字字头朝左；倾斜方向的尺寸一般应注写在尺寸线靠上的一方,数字字头应有朝上的趋势。也允许注写在尺寸线的中断处,如图 1-12 所示。尺寸数字不得被任何图线通过,当无法避免时,必须将图线断开,如图 1-13 所示。

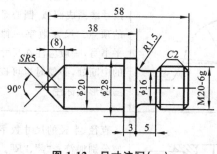

图 1-12 尺寸注写(一)

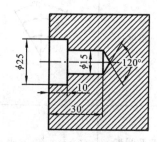

图 1-13 尺寸注写(二)

国家标准中还规定了一组表示特定含义的符号,作为对数字标注的补充说明。如标注直径时,应在尺寸数字前加注"ϕ";标注半径时,应在尺寸数字前加注符号"R"。表 1-5 给出了一些常用的符号,标注尺寸时,应尽可能使用符号和缩写词。

表 1-5 标注尺寸的符号(GB/T 4458.4—2003)

名 称	直径	半径	球直径	球半径	厚度	正方形	45°倒角
符号或缩写词	ϕ	R	$S\phi$	SR	t	□	C
名 称	深度	沉孔或锪平	埋头孔	均布	弧长	斜度	锥度
符号或缩写词	↓	⊔	∨	EQS	⌒	∠	◁

3. 常见尺寸标注示例

常见尺寸标注见表 1-6。

表 1-6 尺寸标注示例

标注内容	示 例	说 明
线性尺寸的数字方向		尺寸数字应按左图所示的方向注写,并尽可能避免在图示 30°范围内标注尺寸,当无法避免时,可按右图的形式标注

续表

标注内容	示　　例	说　　明
角度		尺寸界线应沿径向引出，尺寸线画成圆弧，圆心是角的顶点。尺寸数字一律水平书写，一般应注在尺寸线的中断处，必要时也可按右图的形式标注
圆及圆弧 大圆弧		直径、半径的尺寸数字前应分别加符号"ϕ"、"R"。通常对小于或等于半圆的圆弧注半径，大于半圆的圆弧则注直径。尺寸线应按图例绘制； 大圆弧无法标出圆心位置时，可按此图例标注
小尺寸		没有足够地方时，箭头可画在尺寸界线的外面，或用小圆点或斜线代替两个箭头；尺寸数字也可写在外面或引出标注，圆和圆弧的小尺寸，可按这些图例标注
球面		标注球面的尺寸时，应在 ϕ 或 R 前加注"S"
弦长和弧长		标注弦长和弧长时，尺寸界线应平行于弦的垂直平分线；标注弧长时，尺寸线用圆弧，并应在尺寸数字上方加注符号"⌒"

续表

标注内容	示 例	说 明
对称零件或不完整零件及板状零件		尺寸线应略超过对称中心线或断裂处的边界线,仅在尺寸线的一端画出箭头。在对称中心线两端分别画出两条与其垂直的平行细实线是对称符号; 标注薄板状零件的尺寸时,可在厚度的尺寸数字前加注符号"t"
光滑过渡处的尺寸		在光滑过渡处,应用细实线将轮廓线延长,并从它们的交点引出尺寸界线。尺寸界线一般应与尺寸线垂直,为了使图形清楚,必要时允许尺寸界线与尺寸线倾斜
正方形结构		标注剖面为正方形的机件的尺寸时,可在边长尺寸数字前加注符号"□",或用 14×14 代替□14。图中相交的两条细实线是平面符号(当图形不能充分表达平面时,可用这个符号表示平面)
均布孔		可用 EQS 表示均匀分布的孔

13

1.1.6 CAD 工程制图规则

在国家标准《CAD 工程制图规则》（GB/T 18229—2000）中，对 CAD 工程制图的基本设置要求包括图纸幅面与格式、比例、字体、图线、剖面符号、标题栏和明细栏等七项内容。其中，关于图纸幅面与格式、比例、剖面符号、标题栏和明细栏等五项内容与现行的"技术制图"和"机械制图"标准的相应规定相同，而关于字体和图线两项规定与现行标准存在不同之处。用 AutoCAD 绘图时，需根据国家标准规定的内容进行必要的设置。

1. 字体

（1）GB/T 18229—2000 规定，不论图幅大小，图样中字母和数字一律采用3.5 号字，汉字一律采用 5 号字。CAD 工程图的字体与图纸幅面之间的大小关系如表 1-7 所示。

表 1-7　工程图的字体与图纸幅面之间的关系

图幅 符号规格	A0	A1	A2	A3	A4
字母、数字			3.5		
汉字			5		

（2）CAD 工程图中字体的最小字（词）间距、行距，以及间隔线或基准线或书写字体之间的最小距离如表 1-8 所示。

表 1-8　工程图中字体的最小距离

字　　体	最　小　距　离	
汉字	字距	1.5
	行距	2
	间隔线或基准线与汉字的间距	1
拉丁字母、阿拉伯数字、希腊字母、罗马数字	字符	0.5
	词距	1.5
	行距	1
	间隔线或基准线与字母、数字的间距	1

注：当汉字与字母、数字混合使用时，字体的最小字距、行距等应根据汉字的使用要求调整。

（3）CAD 工程制图中字体选用范围的规定如表 1-9 所示。

表 1-9　工程图中字体的选用范围

汉字字型	国家标准号	字体文件名	应 用 范 围
长仿宋体	GB/T 13362.4～5—1992	HZCF	图中标注及说明的汉字、标题栏、明细栏等
单线字体	GB/T 13844—1992	HZDX	大标题、小标题、图册封面、目录清单、标题栏中设计单位名称、图样名称、工程名称、地形图等
宋体	GB/T 13845—1992	HZST	
仿宋体	GB/T 13846—1992	HZFS	
楷体	GB/T 13847—1992	HZKT	
黑体	GB/T 13848—1992	HZHT	

2. 图线

GB/T 18229—2000 共规定了 CAD 基本线型、变形的线型和图线颜色三项内容。除了图线颜色一项与现行制图标准不同外,其他内容均相同。图线颜色指图线在屏幕上的颜色,它影响到图样上图线的深浅。图线颜色选配得合适,则相应图样的图线就富有层次感,视觉效果就比较好。因此,GB/T 18229—2000 对图线颜色有明确规定,如表 1-10 所示。

表 1-10　基本图线的颜色

图 线 类 型		屏幕上的颜色
粗实线		白色
细实线		
波浪线		绿色
双折线		
虚线		黄色
细点画线		红色
粗点画线		棕色
双点画线		粉红色

1.1.7　CAD 工程图的尺寸标注

在 CAD 工程图中应遵守相关行业的有关标准和规定。

1. 箭头

在 CAD 工程图中所使用的箭头形式有以下几种供选用,如图 1-14 所示。

同一 CAD 工程图中,一般只采用一种箭头形式。当采用箭头位置不够时,允许用圆点或斜线代替箭头,如图 1-15 所示。

2. 尺寸数字、尺寸线和尺寸界限

CAD 工程图中的尺寸数字、尺寸线和尺寸界限应按有关标准的要求进行绘

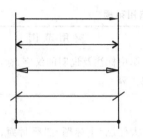

图 1-14　CAD 制图中的箭头形式

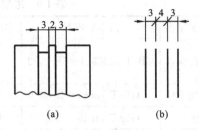

图 1-15　箭头的特殊形式

制。

3. 简化标注

必要时,在不致引起误解的前提下,CAD 工程图中可以采用 GB/T 16675.2—1996 中规定的简化标注方式进行标注。

1.2　常用手工绘图工具及绘图基本方法

绘制图样按使用工具的不同,可分为尺规绘图、徒手绘图和计算机绘图。尺规绘图是借助图板、丁字尺、三角板和绘图仪器进行手工绘图的一种绘图方法。为保证绘图质量,提高绘图速度,必须掌握绘图工具及仪器的正确使用方法。

1.2.1　图板、丁字尺、三角板

图板用来固定图纸,一般用胶合板制作。图板四周镶硬质木条,表面平整光洁,棱边光滑平直,左右两侧为工作导边。绘图时,用胶带纸将图纸固定在图板左下方适当位置,如图 1-16 所示。图板的规格尺寸为 0 号（900 mm×1200 mm）,1 号（600 mm×900 mm）,2 号（450 mm×600 mm）。

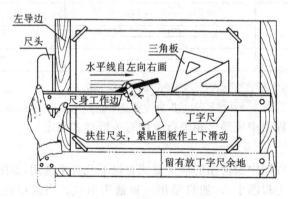

图 1-16　图板和丁字尺

丁字尺是由尺头和尺身构成,尺身有刻度的一边是工作边,尺身工作边必须

保持平直、光滑,尺头的内侧边与尺身工作边必须垂直。丁字尺用于画水平线。画图时,应使尺头的内侧边紧靠图板左侧的导边,上下移动即可由尺身的工作边画出水平线。

　　三角板可直接用于画直线,也可与丁字尺配合画垂直线、从 0°开始间隔 15°的倾斜线及其平行线,如图 1-17 所示。

　　要随时注意将三角板下边缘与丁字尺尺身工作边靠紧。

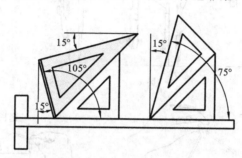

图 1-17　三角板和丁字尺

1.2.2　圆规和分规

　　圆规主要用于画圆和圆弧。一般有大圆规、弹簧圆规和点圆规等三种。使用时,应先调整针脚,使针尖略长于铅芯,且插针和铅芯脚都与纸面大致保持垂直。画大圆弧时,可加上延伸杆。圆规的使用方法如图 1-18 所示。

　　分规的两腿均装有钢针,主要用于量取尺寸和等分线段。为了准确地度量尺寸,分规的两针尖应平齐,如图 1-19(a)所示。调节分规的手法及其使用方法,如图 1-19(b)、图 1-19(c)、图 1-19(d)所示。

1.2.3　铅笔

　　绘图铅笔的铅芯有软硬之分,分别用字母 B 和 H 表示。H 前数字越大,表示铅芯越硬,画出的线条越淡;B 前数字越大,表示铅芯越软,画出的线条越黑;HB 表示铅芯软硬适中。

　　画粗实线常用 2B 或 B 的铅笔;画细实线、细虚线、细点画线和写字时,常用H 或 HB 的铅笔;画底稿时常用 2H 的铅笔。铅笔的削法如图 1-20 所示。

1.2.4　徒手绘图的基本方法

　　徒手绘图是指一种不用绘图仪器而以目测估计图形与实物的比例,按一定画法徒手画出的图样绘图方法,绘出的图样称为草图。在设计、修配或仿制机器设备时,常需绘制草图。由于计算机绘图的普及,草图的应用也越来越广泛。仪器绘图、计算机绘图、徒手绘图已成为三种主要绘图方法。

　　徒手绘图的要求如下。

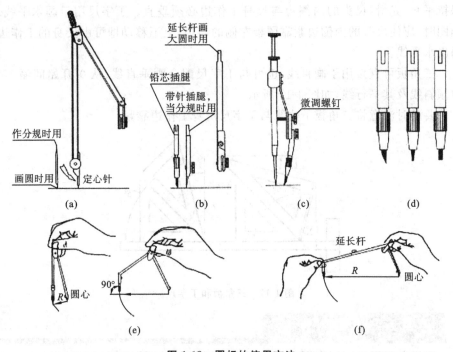

图 1-18　圆规的使用方法

(a)大圆规　(b)附件　(c)点圆规　(d)圆规中的铅芯
(e)沿画线方向,保持适当倾斜,作等速运动　(f)接延长杆画大圆

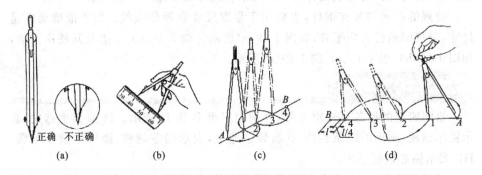

图 1-19　分规的使用方法

(a)位置　(b)量取尺寸　(c)截取等长线段　(d)等分节段(试分法)

(1) 画线要稳,图线要清晰。

(2) 目测尺寸要准,各部分比例匀称。

(3) 绘图速度要快。

(4) 标注尺寸无误,字体工整。

徒手绘图一般选用硬度为 HB 及 B 的铅笔。图纸不必固定,可根据需要转动;握笔姿势力求自然。

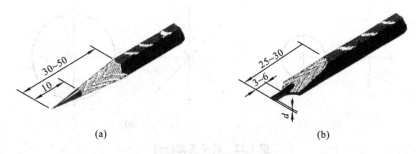

图 1-20 铅笔的削法

(a)H 或 HB 铅笔的削法 (b)B 或 2B 铅笔的削法

1. 直线的画法

画直线时手腕靠着纸面,沿着图线方向移动,眼睛要注意终点方向,便于控制绘图线走向,并将图线画直。画短线时,手腕运笔,画长线则以手臂动作。

画水平线、垂直线的运笔方向如图 1-21 所示。

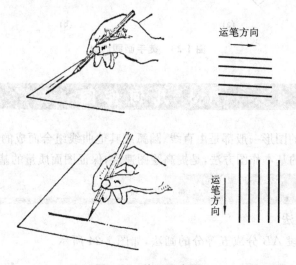

运笔方向 →

运笔方向 ↓

图 1-21 徒手画直线

2. 圆的画法

画圆时,先定出圆心,画出中心线,再按直径大小在中心线上定出 4 个点,然后徒手将各点连接成圆,如图 1-22(a)所示。画较大圆时,可过圆心增画一对 45°斜线,在上面同样截取 4 个点,然后将 8 个点连接成圆,如图 1-22(b)所示。

可用纸片选取圆的半径值,定出圆周上的很多点,再将点连接成圆,如图1-23所示。

对于圆角、椭圆及圆弧连接的画法,也应尽量利用正方形、长方形、菱形相切的特点。

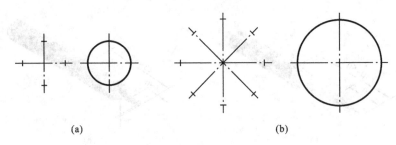

(a)   (b)

图 1-22　徒手画圆（一）

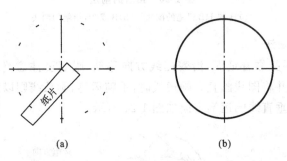

(a)   (b)

图 1-23　徒手画圆（二）

1.3　几何作图

机械图样的图形一般都是由直线、圆弧或其他曲线组合而成的。因此，熟练地掌握几何图形的基本作图方法，是提高绘图速度，保证图面质量的基本技能之一。

1.3.1　等分直线段

1. 平行线法

将已知线段 AB 分成五等分的画法，如图 1-24 所示。

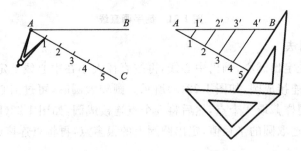

图 1-24　平行线法等分已知线段

2. 分规试分法

将已知线段 AB 分成三等分的画法，如图 1-25 所示。

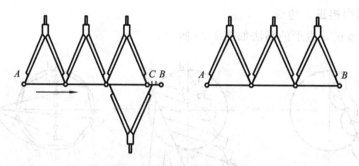

图 1-25　分规试分法等分已知线段

1.3.2　等分圆周和作正多边形

1. 圆内接正五边形

圆内接正五边形的画法如图 1-26 所示。

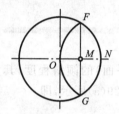 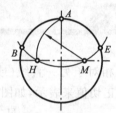 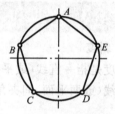

图 1-26　圆内接正五边形的画法

2. 圆内接正六边形

在后面学习紧固件螺栓、螺母时,经常需要画正六边形。正六边形的画法有以下两种。

（1）画法一　如图 1-27(a)所示,以 A(或 B)为圆心,外接圆半径为半径画出截点,依次连接各点,即得正六边形。

（2）画法二　如图 1-27(b)所示,用 60°三角板自 A 作弦 AB,右移自 D 作弦 AF、CD 两弦。以丁字尺连接 BC、EF,即得正六边形。

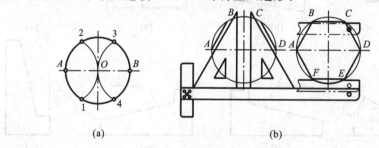

(a)　　　　　　　　　　　　　　(b)

图 1-27　圆内接正六边形的画法

(a)画法一　(b)画法二

3. 圆内接正 n 边形

圆内接正 n 边形的画法如图 1-28 所示。

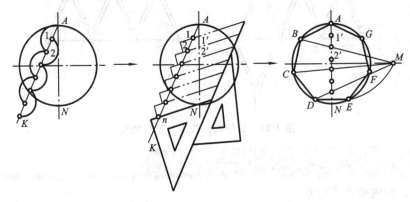

图 1-28　圆内接正 n 边形的画法

1.3.3　斜度和锥度

1. 斜度

斜度是指一直线（或平面）相对于另一直线（或平面）的倾斜程度，其大小用该两直线（或两平面）间夹角的正切值来表示，如图 1-29(a) 所示，即

$$斜度 = \tan\alpha = \frac{H}{L}$$

通常图样中把比值化成 $1:n$ 的标注形式，即

$$斜度 = \tan\alpha = H:L = 1:n$$

斜度画法及标注如图 1-29 所示。

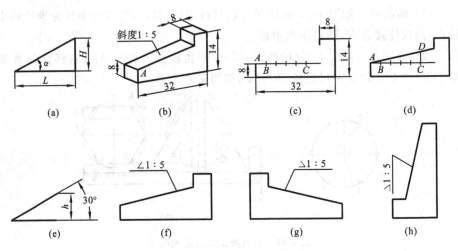

图 1-29　斜度的画法及其标注

2. 锥度

锥度是指正圆锥体底圆直径与锥高之比。如果是圆锥台，则为上下底圆直径之差与圆锥台高度之比，并把比值化为 $1 : n$ 的形式，有

$$锥度 = \frac{D-d}{l} = 2\tan\frac{\alpha}{2} = 1 : n$$

如图 1-30 所示。

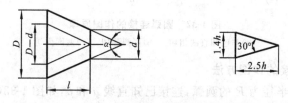

图 1-30　锥度及其图形符号

标注时，锥度用锥度符号和锥度值表示，锥度符号的方向应与锥度的方向一致，锥度的标注及画法如图 1-31 所示。

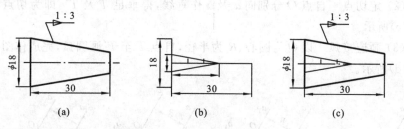

图 1-31　锥度的标注及画法

1.3.4　圆弧连接

用已知半径的圆弧将两已知线段（直线或圆弧）光滑（相切）连接，称为圆弧连接。此圆弧称为连接弧，两个切点称为连接点。作图时，连接弧的半径是已知的，必须正确地定出连接弧的圆心和两个连接点，且两相互连接的线段（直线或圆弧）画到连接点为止。

1. 圆弧连接的基本作图原理

（1）与已知直线相切　半径为 R 的圆弧，与已知直线相切，其圆心的轨迹是与已知直线平行且相距 R 的两条直线，切点是自圆心向已知直线所作垂线的垂足，如图 1-32(a)所示。

（2）与已知圆弧相切　半径为 R 的圆，与已知圆（圆心为 O_1，半径为 R_1）相切，其圆心 O 的轨迹是已知圆的同心圆，同心圆的半径根据相切情况分为以下两种情况。

① 两圆外切时，为两圆半径之和，$R_x = R_1 + R$，如图 1-32(b)所示。

② 两圆内切时，为两圆半径之差，$R_x = R_1 - R$，如图 1-32(c)所示。

23

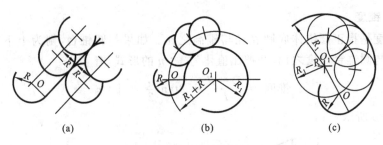

图 1-32　圆弧连接的作图原理
(a)与已知直线相切　(b)两圆外切　(c)两圆内切

2. 圆弧连接的作图方法

例 1-1　用半径为 R 的圆弧,连接已知直线 a 和 b,如图 1-33(a)所示。

解

(1) 求圆心　分别作与两已知直线 a 和 b 相距为 R 的平行线,得交点 O,即为连接弧的圆心,如图 1-33(b)所示。

(2) 定切点　自点 O 分别向 a 及 b 作垂线,得垂足 T 及 T',即为切点,如图 1-33(c)所示。

(3) 画连接弧　以 O 为圆心、R 为半径,自点 T 至 T' 画圆弧,完成作图,如图 1-33(d)所示。

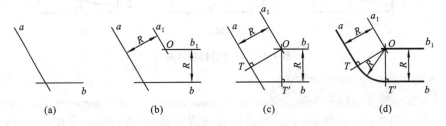

图 1-33　用圆弧连接两直线

例 1-2　用半径为 R 的圆弧,连接如图 1-34(a)所示的两已知圆弧(半径为 R_1、R_2)。

解

(1) 求圆心　分别以 O_1、O_2 为圆心,R_1+R 和 R_2+R(外切)为半径画弧,得交点 O,即为连接弧的圆心,如图 1-34(b)所示。

(2) 定切点　作两圆心连线 O_1O、O_2O,与两已知圆弧(半径 R_1、R_2)分别交于点 K,即为切点,如图 1-34(b)所示。

(3) 画连接弧　以 O 为圆心、R 为半径,自点 K 至 K' 画圆弧,完成作图,如图 1-34(c)所示。

图 1-35 所示为圆弧连接两已知圆弧(内切)的画法。

图 1-36 所示为圆弧连接两已知圆弧(外切和内切)的画法。

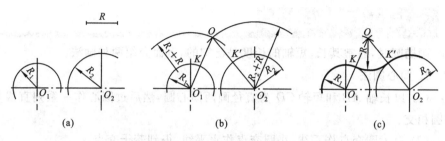

图 1-34 用圆弧连接两已知圆(外切)

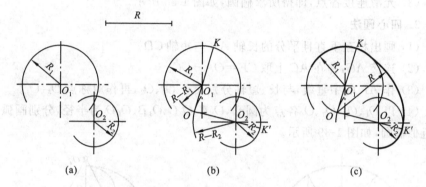

图 1-35 用圆弧连接两已知圆(内切)

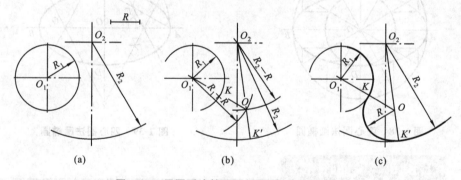

图 1-36 用圆弧连接两已知圆弧(外切和内切)

图 1-37 所示为圆弧连接已知直线和圆弧的画法。

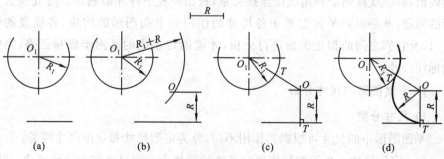

图 1-37 圆弧连接直线和圆弧(外切)

1.3.5 椭圆的画法

画椭圆时，通常其长、短轴的长度是已知的，下面介绍两种画法。

1. 同心圆法

（1）以长轴 AB 和短轴 CD 为直径画两同心圆，然后过圆心作一系列直线与两圆相交。

（2）自大圆交点作垂线，小圆交点作水平线，得到若干交点。

（3）光滑连接各点，即得所求椭圆，如图 1-38 所示。

2. 四心圆法

（1）画出相互垂直且平分的长轴 AB 与短轴 CD。

（2）连接 AC，并在 AC 上取 $CF=OA-OC$。

（3）作 AF 的中垂线，与长、短轴分别交于 O_1、O_2，再作对称点 O_3、O_4。

（4）以 O_1、O_2、O_3、O_4 各点为圆心，O_1A、O_2C、O_3B、O_4D 为半径，分别画弧，即得近似椭圆，如图 1-39 所示。

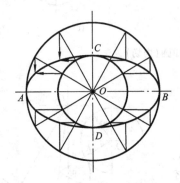

图 1-38　同心圆法画椭圆

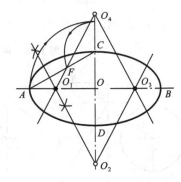

图 1-39　四心圆法画椭圆

1.3.6 平面图形

平面图形是由一些基本几何图形构成的，有些线段可以根据给定的尺寸直接画出，有些线段则需利用线段连接关系，找出补充条件才能画出。要处理这方面的问题，就必须对平面图形中各尺寸的作用和平面图形的构成、各线段的性质，以及它们之间的相互关系进行分析，才能确定正确的画图步骤和正确、完整地标注尺寸。

1. 平面图形的尺寸分析

1）尺寸分类

平面图形中的尺寸可根据其作用不同，分为定形尺寸和定位尺寸两类。

（1）定形尺寸　平面图形中确定各线段形状大小的尺寸称为定形尺寸，如圆的直径、圆弧半径、多边形边长、角度大小等均属定形尺寸。如图 1-40 中的 $\phi40$、$\phi30$、$R48$ 等都是确定形状大小的定形尺寸。

（2）定位尺寸 平面图形中确定各几何图形间相对位置的尺寸称为定位尺寸，如确定圆或圆弧的圆心位置、直线段位置的尺寸等。如图 1-40 中的 9、90、15 等都是定位尺寸。

注意：有的尺寸既是定形尺寸，又是定位尺寸。

2）尺寸基准

标注尺寸的起点称为尺寸基准。

分析尺寸时，首先要查找尺寸基准。通常以图形的对称轴线、较大圆的中心线、图形轮廓线作为尺寸基准。一个平面图形具有水平和垂直两个坐标方向的尺寸，每个方向至少要有一个尺寸基准。如图 1-40 中所示的水平方向的尺寸基准和垂直方向的尺寸基准是 $\phi40$ 的中心线。

尺寸基准常常也是画图的基准。画图时，要从尺寸基准开始画。

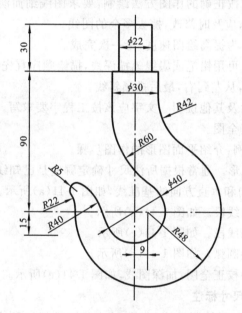

图 1-40　平面图形的尺寸和线段分析

2. 平面图形的线段分析

要确定平面图形中任一几何图形，一般需要三个条件——两个定位条件，一个定形条件。画圆和圆弧时，需要知道半径和圆心位置尺寸，凡已具备三个条件的线段可直接画出，否则需利用线段连接关系才能画出。

通常根据定位尺寸的完整与否，平面图形中的线段可分为三种。直线的作图比较简单，下面只分析圆弧的性质。

（1）已知圆弧 半径和圆心位置的两个定位尺寸均为已知的圆弧。根据图中所注尺寸能直接画出。如图1-40中的 $\phi40$、$R48$。

（2）中间圆弧 已知半径和圆心的一个定位尺寸的圆弧。它需与其一端连接的线段画出后，才能确定其圆心位置。如图1-40中的 $R40$、$R22$。

（3）连接圆弧 只已知半径尺寸，而无圆心的两个定位尺寸的圆弧。它需要与其两端相连接的线段画出后，通过作图才能确定其圆心位置。如图1-40中的 $R5$、$R42$、$R60$。

从上述分析可知，画图时，应首先画出图形中的已知圆弧，再画中间圆弧，最后画连接圆弧。

3．平面图形的作图步骤

平面图形的作图原则如下。

一般从图形的基准线画起，再按已知线段、中间线段、连接线段的顺序作图。对圆弧来说，先画已知圆弧，再画中间圆弧、最后画连接圆弧。

（1）画底稿线 按正确的作图方法绘制，要求图线细而淡，图形底稿完成后应检查，如发现错误，应及时修改，擦去多余的图线。

（2）标注尺寸 为提高绘图速度，可一次完成。

（3）描深图线 可用铅笔或墨线笔描深线，描绘顺序宜先细后粗，先曲后直，先横后竖，从上到下，从左到右，最后描倾斜线。

（4）填写标题栏及其他说明 文字应该按工程字要求写。

（5）修饰并校正全图。

现以图1-40为例，介绍平面图形的作图步骤。

步骤1 分析图形。通常根据所注尺寸确定哪些是已知线段，哪些是连接线段。并画出水平方向和垂直方向的基准线，如图1-41(a)所示。

步骤2 画已知线段。如图1-41(b)所示。

步骤3 画中间线段。如图1-41(c)所示。

步骤4 画连接圆弧。如图1-41(d)所示。

步骤5 修饰并校正全图，加深图线，如图1-41(e)所示。

4．平面图形的尺寸标注

平面图形画完后，需按照正确、完整、清晰的要求标注尺寸，标注的尺寸要符合国家标准，尺寸不出现重复或遗漏，安排有序，注写清楚。

标注平面图形尺寸的一般原则如下。

（1）分析平面图形各部分的构成，确定尺寸基准。

（2）标注全部定形尺寸。

（3）标注必要的定位尺寸。

（4）检查、调整 尺寸排列要整齐、匀称，小尺寸在里、大尺寸在外，避免尺寸线与尺寸界线相交。

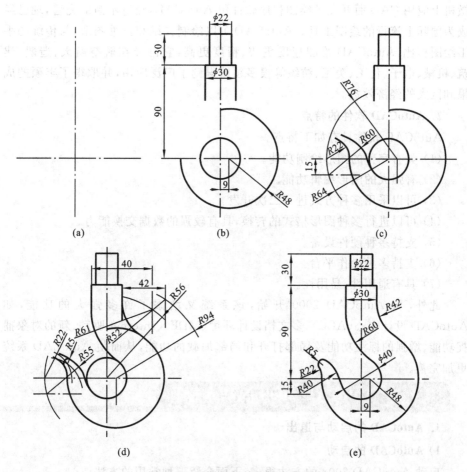

图 1-41　平面图形的作图步骤图解

1.4　计算机绘图的基本知识

1.4.1　计算机绘图概述

1. CAD 与 AutoCAD 的区别

CAD(computer aided design,计算机辅助设计)是指利用计算机来完成设计工作并产生图形图像的一种方法和技术。

现在机械、电气、建筑等行业,工程技术人员以计算机为工具,用自己的专业知识对产品或工程进行总体规划、设计、分析、绘图、编写技术文档等全部设计工作的总称,即 CAD。

计算机辅助设计常用软件有很多,本书主要介绍 AutoCAD。AutoCAD 是美国 Autodesk 公司推出的通用 CAD 软件包。该公司于 20 世纪 80 年代初为在微机上应用 CAD 而开发了绘图程序软件包 AutoCAD，经过不断的完善，现已经成为国际上流行的绘图工具。AutoCAD 可以绘制二维和三维图形，与传统的手工绘图相比，AutoCAD 绘图速度更快、精度更高，它已经在航空航天、造船、建筑、机械、电子、化工、美工、纺织等很多领域得到了广泛应用，并取得了丰硕的成果和巨大的经济效益。

2. AutoCAD 软件的特点

AutoCAD 软件具有如下特点。

（1）具有完善的图形绘制功能。

（2）有强大的图形编辑功能。

（3）可以采用多种方式进行二次开发。

（4）可以进行多种图形格式的转换，具有较强的数据交换能力。

（5）支持多种硬件设备。

（6）支持多种操作平台。

（7）具有通用性、易用性。

此外，从 AutoCAD 2000 开始，该系统又增添了许多强大的功能，如 AutoCAD 设计中心（ADC）、多文档设计环境（MDE）、Internet 驱动、新的对象捕捉功能、增强的标注功能及局部打开和局部加载的功能，从而使 AutoCAD 系统更加完善。

1.4.2 AutoCAD 2008 的基本操作

1. AutoCAD 的启动与退出

1）AutoCAD 的启动

启动 AutoCAD 2008 的方法很多，下面介绍三种常用的方法。

（1）双击桌面上的快捷图标，如图 1-42 所示。

（2）单击"开始"→"程序"→"Autodeskl"→"AutoCAD 2008-Simplified ch"图标，进入 AutoCAD 2008。

（3）双击任意一个已经存在的 AutoCAD 图形文档。

启动 AutoCAD 2008 后，系统弹出如图 1-43 所示的

图 1-42 启动快捷图标

AutoCAD 2008"新功能专题研习"对话框，通过该对话框中的动画、教程和简短说明，可以帮助老用户尽快了解 AutoCAD 2008 的新增功能。对于初学者，可以直接选择"以后再说"单选项，并单击"确定"按钮，进入 AutoCAD 2008 的工作界面。

2）AutoCAD 退出

常用的退出方法有以下四种。

（1）单击标题栏右上角的关闭按钮。

图 1-43 AutoCAD **2008**"新功能专题研习"对话框

（2）单击菜单栏中的"文件"→"退出"命令。

（3）在命令行中输入 Quit 或 Exit。

（4）双击标题栏左上角的控制图标 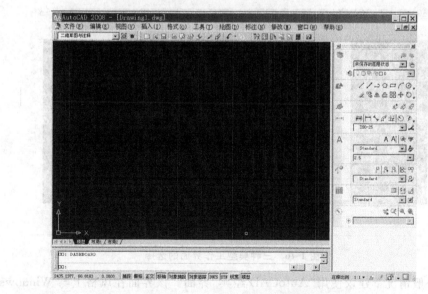。

2．AutoCAD 的工作界面

AutoCAD 的工作界面是 AutoCAD 的显示、编辑图形的区域。运行 AutoCAD 2008 后，初始界面如图 1-44 所示。

图 1-44 AutoCAD **2008** 初始界面

在 AutoCAD 2008 中提供了三种典型的界面：AutoCAD 经典、二维草图及注释、三维建模。单击图 1-44 所示的界面的左上角"AutoCAD 经典"下拉列表框，将出现如图 1-45 所示的三种典型的界面，可选择不同界面。

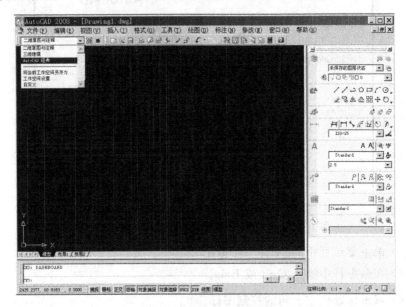

图 1-45　三种典型工作界面

用户也可根据工作需要及个人爱好，通过如下方法进行设置界面："工具"→"工作空间"，在如图 1-46 所示的快捷菜单中选择不同的界面。

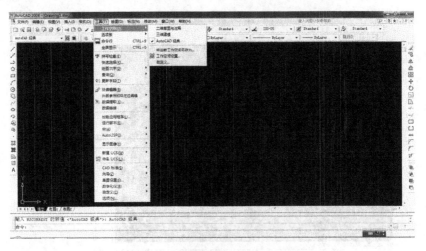

图 1-46　三种典型工作界面的选择

一般情况下建议使用"AutoCAD 经典"界面。该界面在风格上与 Windows 保持一致，同时注意了与以前版本的连续性，方便操作；界面组成部分包括标题栏、绘图区、菜单栏、工具栏、坐标系、命令行、状态栏、布局标签和滚动条等，如图

1-47 所示。

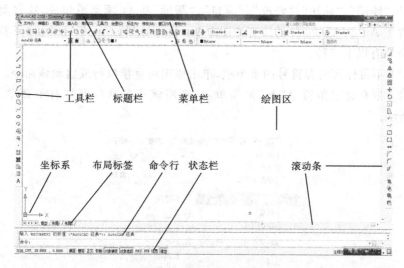

图 1-47 AutoCAD 经典界面

1）标题栏

标题栏位于工作界面的最上方,显示 AutoCAD 2008 程序图标和当前正在运行的文件名等信息。如果是 AutoCAD 2008 默认的图形文件,其名称为 Drawingn. dwg（其中,n 代表数字,比如 Drawing1. dwg、Drawing2. dwg、Drawing3. dwg……）。

单击位于标题栏右侧的▬◻✕按钮,可分别实现窗口的最小化、还原（或最大化）及关闭 AutoCAD 2008 等操作。

2）绘图区

白色区域即为绘图区域,用户在这里绘制和编辑图形。AutoCAD 2008 的绘图区域是无限大的,用户可以通过缩放、平移等命令在有限的屏幕范围来观察绘图区中的图形。在默认情况下,绘图区的背景颜色是黑色。

有时为了需求,需要改换背景颜色,其操作方法为:单击"工具"→"选项"→"显示"→"颜色",在弹出的对话框中对"二维模型空间"的"统一背景"颜色进行设置,然后点击"应用并关闭"→"确定"。

在绘图区中,有一个作用类似于光标的十字线,其交点反映了光标在当前坐标系中的位置。在 AutoCAD 2008 中,该十字线称为十字光标,AutoCAD 通过光标显示当前点的位置。十字线的方向与当前用户坐标系的 X 轴、Y 轴平行。十字线的长度是可调的。

3）菜单栏

在"AutoCAD 2008 经典"界面标题栏的下方是 AutoCAD 2008 的菜单栏。同 Windows 程序一样,AutoCAD 2008 的菜单也是下拉形式的,并且菜单栏中包

机械制图及计算机绘图（上册）

含子菜单。AutoCAD 2008 的菜单栏由"文件"、"编辑"、"视图"、"插入"、"格式"、"工具"、"绘图"、"标注"、"修改"、"窗口"、"帮助"共 11 项菜单组成，这些菜单几乎包含了 AutoCAD 2008 的所有绘图命令。一般来讲，AutoCAD 2008 下拉菜单中的命令有以下三种。

（1）不带任何内容符号的菜单项，单击该项可直接执行或启动该命令。

（2）带有黑三角符号"▶"的菜单项，表明该菜单项后面带有子菜单，如图 1-48 所示。

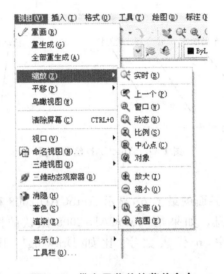

图 1-48　带有子菜单的菜单命令

（3）带有省略号"…"的菜单项，表明选择该项后系统将弹出相应的对话框，如图 1-49 所示。

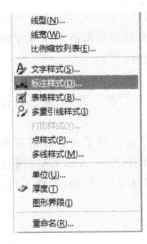
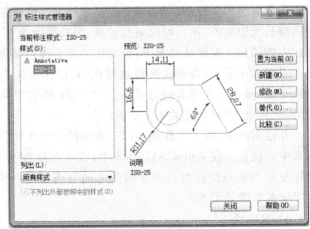

图 1-49　弹出对话框的菜单命令

34

（4）菜单项呈灰色，表明该命令在当前状态下不可用。

（5）菜单选项后加按键组合，表示该菜单命令可以通过按键组合来执行，如"Ctrl＋S"表示同时按 Ctrl 和 S 键，可执行该菜单选项（保存）命令。

（6）菜单选项后加快捷键，表示该下拉菜单打开时，输入对应字母即可启动该菜单命令，如单击"文件"，打开"文件"菜单后，键入 O 可执行"打开"命令。

（7）AutoCAD 提供了关联菜单，单击鼠标右键时，系统将弹出相应的关联菜单。关联菜单的选项因单击环境的不同而变化，它提供了快速执行命令的方法。

注意：选择主菜单项有两种方法：一是使用鼠标，二是使用键盘。使用键盘主要是操作菜单项的快捷键。

4）工具栏

工具栏是一组图标工具的集合，工具栏中的每一个工具都对应于菜单栏中的某一个选项，把光标移动到某个图标上，稍停片刻即会在该图标一侧显示相应的工具提示，同时在状态栏就会显示对应的说明和命令名，此时单击图标可以启动相应的命令。下面介绍绘图中使用较多的几个工具栏。

（1）"标准"工具栏 "标准"工具栏中工具按钮的名称和用途与菜单命令相同，如图 1-50 所示。

图 1-50 "标准"工具栏

（2）"样式"工具栏 "样式"工具栏的工具用于文字样式和标注样式管理，如图 1-51 所示。

图 1-51 "样式"工具栏

（3）"图层"工具栏 "图层"工具栏的工具用于图层的特性管理，如图 1-52 所示。

图 1-52 "图层"工具栏

（4）"绘图"工具栏 "绘图"工具栏是 AutoCAD 最常用的工具之一，其上的工具用于绘制图形，如图 1-53 所示。

图 1-53 "绘图"工具栏

（5）"修改"工具栏　"修改"工具栏也是 AutoCAD 最常用的工具之一，其上的工具用于对绘制图形的修改操作，如图 1-54 所示。

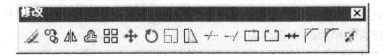

图 1-54 "修改"工具栏

（6）"标注"工具栏　"标注"工具栏是用于对工程图的标注，如图 1-55 所示。

图 1-55 "标注"工具栏

（7）"对象特性"工具栏　"对象特性"工具栏的工具用于设置线型、线宽及图线颜色，如图 1-56 所示。

图 1-56 "对象特性"工具栏

5）状态栏

状态栏位于屏幕的最低端。左侧显示的是当前十字光标所处的三维坐标值，中间是绘图辅助工具的开关按钮，包括捕捉、栅格、正交、极轴、对象捕捉、对象追踪、DUCS、DYN、线宽和模型，如图 1-57 所示。单击按钮，当其呈凹下状态时表示将此功能打开，当其呈凸起状态时将此功能关闭。各按钮的作用在以后知识点中进行具体介绍。

捕捉　栅格　正交　极轴　对象捕捉　对象追踪　DUCS　DYN　线宽　模型

图 1-57 状态栏

6）命令行

命令行由命令提示窗口和命令历史记录窗口两部分组成，如图 1-58 所示。命令提示窗口是 AutoCAD 2008 用来显示用户从键盘键入的命令和提示信息的地方。在默认状态下,AutoCAD 2008 在命令提示窗口保留所执行的最后 3 行命令或提示信息。可通过拖动窗口边框的方式改变命令窗口的大小,使其显示多于 3 行或少于 3 行的信息。

```
命令:
命令: _circle 指定圆的圆心或 [三点(3P)/两点(2P)/相切、相切、半径(T)]:
```

图 1-58 命令行

用户可以隐藏命令行窗口,隐藏方法:选择"工具"→"命令行",系统弹出"隐藏命令行窗口"对话框,如图 1-59 所示。单击"是",即可隐藏命令行窗口。

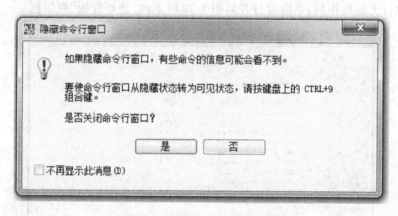

图 1-59 "隐藏命令行窗口"对话框

用户可以取消隐藏命令行窗口,取消隐藏方法:隐藏命令行窗口后,通过选择"工具"→"命令行"菜单命令后可再显示出"隐藏命令行窗口"对话框,单击"否",即可取消隐藏。

7)布局标签

AutoCAD 2008 系统默认一个模型空间布局标签和"布局 1"、"布局 2"两个图纸空间布局标签。

(1)布局 布局是指系统为绘图设置的一种环境,包括图纸大小、尺寸单位、角度设定、数值精确度等。在系统预设的三个标签中,这些环境变量都按默认设置。用户可根据实际需要来改变这些变量的值,也可以根据需要,设置符合自己要求的新标签。

(2)模型 AutoCAD 的空间分模型空间和图纸空间。模型空间是指通常绘图的环境;而在图纸空间中,用户可以创建叫做"浮动视口"的区域,以不同视图来显示所绘图形。可在图纸空间中调整浮动视口并决定所包含视图的缩放比例,选择图纸空间,可打印任意布局的视图。

1.4.3 文件管理

下面介绍 AutoCAD 2008 有关文件管理的一些基本操作方法,包括新建文件、打开已有文件、保存文件、关闭文件等。

1. 新建文件

新建文件的方法有以下三种。

(1) 命令行 New。

(2) 菜单 "文件"→"新建"。

(3) 工具栏 标准工具栏→新建图标。

执行上述操作后,系统会打开如图 1-60 所示的"选择样板"对话框。

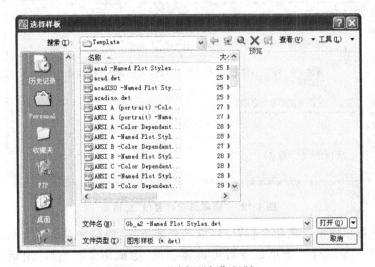

图 1-60 "选择样板"对话框

2. 打开文件

打开图形文件的方法有以下三种。

(1) 命令行:Open。

(2) 菜单:"文件"→"打开"。

(3) 工具栏 标准工具栏→打开图标。

执行上述操作后,系统会打开如图 1-61 所示的"选择文件"对话框。

3. 保存文件

AutoCAD 保存文件的方法有两种,一是"保存"命令,将图形文件存盘;二是"另存为"命令,将图形文件取名后保存到磁盘的其他位置。

1) 保存命令

保存文件的方法有以下三种。

(1) 命令行 Qsave。

图 1-61　"选择文件"对话框

（2）菜单　"文件"→"保存"。

（3）工具栏　标准工具栏→保存图标。

执行上述操作后，当前图形得到保存。

2）另存为命令

若用户想将当前图形文件存到磁盘的其他位置或用其他文件名，可以使用"另存为"命令来实现。

常用方法有以下两种。

（1）命令行　Saveas。

（2）菜单　"文件"→"另存为"。

执行上述操作后，系统会打开如图 1-62 所示的"图形另存为"对话框，对当前图形文件赋予新的文件名后保存。

图 1-62　"图形另存为"对话框

4. 关闭文件

关闭文件的方法有以下三种。

（1）命令行　Quit 或 Exit。

（2）菜单　"文件"→"退出"。

（3）按钮　点击操作界面右上角的"关闭"按钮。

1.4.4　设置绘图环境

1. 设置图形单位

设置图形单位的方法有以下两种。

（1）选择菜单栏中的"格式"→"单位"命令。

（2）在命令行输入 Units。

用上述任一方法执行命令后，弹出"图形单位"对话框，如图 1-63 所示。

图 1-63　"图形单位"对话框

"图形单位"对话框用于定义长度和角度的格式，包括类型和精度。

2. 设置图形界限

图形界限是指标明用户的工作区域和图纸的边界，设置图形界限就是为绘制的图形设置某个范围。图幅尺寸按国家标准规定。

启动"图形界限"的两种方法如下。

（1）选择菜单栏中的"格式"→"图形界限"命令。

（2）在命令行输入 Limits。

用上述任一方法启动"图形界限"后，命令窗口的显示如图 1-64 所示。

指定左下角点或［开(ON)/关(OFF)］<0.0000,0.0000>：输入要绘制图样区域的左下角点的坐标。

指定右上角点<420.0000,297.0000>：输入要绘制图样区域的右上角点的坐标。

注意：单击"栅格"，显示所设置的图形界限。

图 1-64 图形界限命令行

（3）命令行中有关说明。

开(ON)：选择该选项，进行图形界限检查，不允许在超出图形界限的区域内绘制对象。

关(OFF)：选择该选项，不进行图形界限检查，允许在超出图形界限的区域内绘制对象。

在该提示下设置图形左下角的位置，可以输入一个坐标值并回车，也可以直接在绘图区用鼠标选定一点，如果接受默认值，直接回车，尖括号内的数值就是默认值。

正规图幅的大小一般都不能随意指定，国家标准图幅大小有 A0(1 189 mm×841 mm)、A1(841 mm×594 mm)、A2(594 mm×420 mm)、A3(420 mm×297 mm)、A4(297 mm×210 mm)等几种类型。

1.4.5 图层设置与控制

1. 图层的作用

在 AutoCAD 2008 中，绘图界面包含多个图层，它们就像一张张透明的图纸重叠在一起。在机械、建筑等工程制图中，图形中主要包括基准线、轮廓线、虚线、剖面线、尺寸标注及文字说明等元素，如果用图层来管理这些元素，不仅会使图形的各种信息清晰有序、便于观察，而且也会给图形的编辑、修改和输出带来方便。

在 AutoCAD 2008 中，所有图形对象都具有图层、颜色、线型和线宽 4 个基本属性。可以使用不同的图层、颜色、线型和线宽绘制不同的对象元素，可以方便地控制对象的显示和编辑，提高绘制复杂图形的效率和准确性。

2. 图层的设置

1)"图层特性管理器"对话框的组成

选择"视图"→"图层"，打开如图 1-65 所示的"图层特性管理器"对话框（也可以单击 ![按钮] 按钮打开"图层特性管理器"对话框）。在"过滤器"列表中显示了当前图形中所有使用的图层。在图层列表中，显示了图层的详细信息。

2)新建图层并设置图层特性

单击 ![按钮] 按钮打开"图层特性管理器"对话框，单击"新建图层"图标，在 0 层

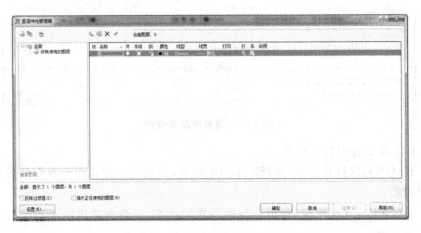

图 1-65 "图层特性管理器"对话框

下方显示一个"图层 1"的新层，用户可按需要设置名字。想要同时产生多个图层，可选中一个图层名后，输入多个名字，各名字之间经逗号分隔。图层的名字可以包含字母、数字、空格和特殊符号，新图层的颜色、线型和线宽自动继承 0 层的特性，如图 1-66 所示。

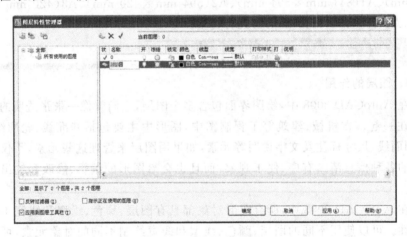

图 1-66 新建图层示例

3）图层颜色的设置

新建图层后，要改变图层的颜色，可在"图层特性管理器"对话框中单击图层的颜色"列表，打开"选择颜色"对话框，如图 1-67 所示。

4）线宽的设置

要设置图层的线宽，可以在"图层特性管理器"对话框的"线宽"列表中单击该图层对应的线宽，打开如图 1-68 所示"线宽"对话框，有 20 多种线宽可供选择。也可以选择"格式"→"线宽"命令，打开"线宽"对话框，通过调整线宽比例，使图形中的线宽显示得更宽或更窄。

图 1-67 "选择颜色"对话框

图 1-68 "线宽"对话框

5）线型设置

线型是指图形基本元素中线条的组成和显示方式，如虚线和实线等。在 AutoCAD 中既有简单线型，也有由一些特殊符号组成的复杂线型，以满足不同国家或行业标准的使用要求。

在图 1-66 所示的对话框中单击"线型"，弹出如图 1-69 所示的"线型管理器"对话框，系统默认只提供"Continuous"一种线型，如果需要其他线型，可以在此对话框中单击"加载"，系统会弹出的如图 1-70 所示的"加载或重载线型"对话框，在此对话框中选中需要的线型后单击"确定"，回到如图 1-69 所示"线型管理器"对话框，将需要的线型选中后单击"确定"，即可完成线型的设置。

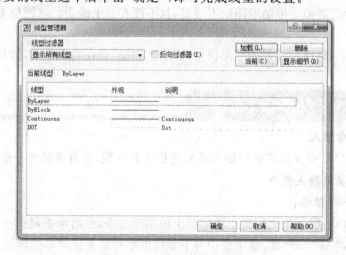

图 1-69 "线型管理器"对话框

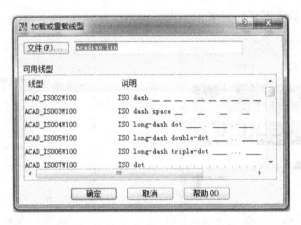

图 1-70　"加载或重载线型"对话框

3. 图层的性质

（1）一幅图形可包含多个图层，每个图层的图形实体数量不受限制。

（2）同一张图中不允许建立两个相同层名的图层。

（3）每个图层只能赋予一种颜色、一种线型和一种线宽，不同的图层可以具有相同的颜色、线型和线宽。

（4）要在某一特定图层上绘制图形对象，必须设置该层为当前层，而被编辑的对象则可以处于不同的图层。

（5）图层的几种状态如下。

① 开/关　当图层打开时，该图层上的对象可见，且可在其上绘图。关闭的图层不可见，但可绘图。

② 冻结/解冻　冻结的图层不可见，且不能在其上绘图。该图层上的对象不被刷新。

③ 锁定/解锁　锁定的图层仍可见，能被捕捉，能在其上绘图，但是不能编辑图形。

1.4.6　基本输入操作

1. 命令输入

AutoCAD 交互绘图必须输入必要的指令和参数，它有多种命令输入方式。

1）从菜单输入命令

打开下拉菜单：

（1）移动鼠标，把光标置于菜单栏上的某个命令，然后单击鼠标左键；

（2）按"Alt"＋热键，菜单栏中有下划线的字母就是该菜单的热键。

2）点击工具栏中的对应图标

工具栏中的每一个图标都对应 AutoCAD 的一个命令，鼠标在图标上稍停片刻就会显示其命令的功能。单击选中的按钮,命令行中便会显示该命令,用户可根据提示进行操作。

3) 从命令行输入命令

AutoCAD的命令名是一些英文单词或它的缩写。在命令行输入命令后按回车键或空格键,即可执行该命令。如果用户具有较好的英语基础,应用这种方法可以快捷调用各种命令,提高工作效率。

4) 其他输入方法

(1) 快捷菜单输入 在命令的执行过程中点击右键,系统将会根据当时的状态在当前光标位置显示出相应的快捷菜单,光标拾取即可;当不执行任何命令的时候,在绘图区或命令窗口,点击右键激活快捷菜单,可以方便地调用许多常用命令或有关命令的选项与功能。

当选择了图形对象后单击右键,AutoCAD将显示上下文菜单,该菜单显示与对象有关的编辑对话框或相关的命令和选项,可以方便地进行编辑工作。

(2) 重复命令的输入 用户要重复执行上一次命令,可按回车键或空格键,也可在绘图窗口单击右键,在弹出的快捷菜单中单击"重复×××"。

(3) 撤销命令的输入 在命令执行的任何时候都可以取消和终止命令的执行。

执行方式如下。

① 命令行 Undo。

② 菜单 "编辑"→"放弃"。

③ 快捷键 Esc。

(4) 重做命令的输入 已被撤销的命令还可以恢复重做。要恢复撤销的最后一个命令的执行方式如下。

① 命令行 Redo。

② 菜单 "编辑"→"重做"。

③ 快捷键 Ctrl+Y。

AutoCAD可以一次执行多重放弃和重做操作。

2. 数据输入

1) 点坐标的输入

在AutoCAD 2008中,点的坐标可以用直角坐标、极坐标、球面坐标和柱面坐标表示,每一种坐标又分别具有两种坐标输入方式:绝对坐标和相对坐标。其中直角坐标和极坐标最为常用,下面主要介绍它们的输入。

(1) 用键盘输入点的坐标 通过键盘直接输入坐标值。

① 直角坐标法 用点的X、Y坐标值表示的坐标。

绝对直角坐标:是指相对当前坐标原点的坐标。输入格式为"X,Y,Z"的具体直角坐标值。在键盘上按顺序直接输入数值,各数之间用","隔开,二维坐标可直接输入"X,Y"的数值。

相对直角坐标:是指某点相对于已知点沿 X 轴和 Y 轴的位移。输入格式为"@X,Y"(@称为相对坐标符号,表示以前一点为相对原点,输入当前点的相对直角坐标值)。

② 极坐标法　用长度和角度表示的坐标,只能用来表示二维点的坐标。

绝对极坐标:是指通过输入某点相对当前坐标原点的距离,及在 XOY 平面中该点和坐标原点连线与 X 轴正向的夹角来确定位置。输入格式为"L,θ"(L 表示某点与当前坐标系原点连线的长度,θ 表示该连线相对于 X 轴正向的夹角,该点绕原点逆时针转过的角度为正值)。

相对极坐标:是指通过定义某点与已知点之间的距离,以及两点之间连线与 X 轴正向的夹角来定位该点位置。输入格式为"@ L,θ"(表示以前一点为相对原点输入当前点的相对极坐标值,L 表示当前点与前一点连线的长度,θ 表示当前点绕相对原点相对转过的角度逆时针转过的角度为正值)。

③ 动态数据输入　这是 AutoCAD 新增的功能。按下状态栏上的"DYN"按钮,系统就会打开动态输入功能,这时可以在屏幕上动态地输入某些参数。如图 1-71 所示为绘制直线时,在光标附近动态地显示"指定第一点"及后面的坐标框。当前显示的是光标所在位置。可以输入数据,两个数据之间用逗号隔开。

指定第一点后,系统会动态地显示直线的角度,同时要求输入线段长度值,如图 1-72 所示,其输入效果与"@ L,θ"方式相同。

图 1-71　动态输入坐标值　　　　　图 1-72　动态输入长度值

（2）用鼠标输入点　当 AutoCAD 需要输入一个点时,可以直接用鼠标在屏幕上指定,其过程是:把十字光标移到所需位置,单击左键,即表示拾取了该点,该点的坐标值被输入。

（3）用目标捕捉方式捕捉屏幕上已有的图形的特殊点,如端点、中点、中心点、交点、切点、垂足点等。

2）数值的输入

在系统中,一些命令的提示需要输入数值,如高度、宽度长度、行数或列数、行间距和列间距等。数值的输入方法有以下两种。

（1）用键盘直接输入数值。

（2）用鼠标指定一点的位置　当已知某一基点时，用鼠标指定另一点的位置，此时系统会自动计算出基点到指定点的距离，并以该两点之间的距离作为输入的数值。

3）角度的输入

（1）用键盘直接输入角度值。

（2）通过两点输入角度值　通过输入第一点与第二点的连线方向确定角度（其大小与输入点的顺序有关）。规定第一点为起始点，第二点为终点。

1.4.7 精确定位工具

精确定位工具是指能够帮助用户快速、准确定位某些点（如端点、中点、圆心等）和特殊位置（如水平位置、垂直位置等）的工具，包括捕捉、栅格、正交、极轴、对象捕捉、对象追踪、DYN、线宽、模型等工具。这些工具主要集中在状态栏上，如图 1-73 所示。

图 1-73　精确定位工具

在绘图时，灵活运用 AutoCAD 所提供的绘图工具进行准确定位，可以有效地提高绘图的精确性和效率。在中文版 AutoCAD 2008 中，可以使用系统提供的"对象捕捉、对象追踪"等功能，在不输入坐标的情况下快速、精确地绘制图形。下面主要介绍如何使用系统提供的栅格、捕捉和正交功能来精确定位点。

1. 栅格工具

"栅格"是指一些标定位置的小点，类似于坐标纸的作用，可以提供直观的距离和位置参照。栅格在屏幕上显示，但不能打印出来。"栅格"的显示方法是：单击状态栏上的"栅格"按钮，这时工作界面上显示出栅格点，即为打开；如再单击该按钮，栅格消失，即为关闭。

为了使栅格点的分布更合理，用户可以对栅格行列间距值、旋转角进行设置。方法是：在状态栏上的"栅格"、"正交"、"极轴"、"对象捕捉"、"对象追踪"、"动态"按钮上单击鼠标右键并单击"设置"命令，弹出"草图设置"对话框，如图 1-74 所示。

在图 1-74 所示对话框中，"启用栅格"复选框中的"√"表示栅格已显示（如清除此"√"标志，表示栅格关闭）。如想改变栅格行列间距值，可在"栅格"选项区中的"栅格 X 轴间距"和"栅格 Y 轴间距"文本框中分别输入设定栅格点水平和垂直间距的值，单击"确定"按钮完成栅格的设置。

图 1-74 "草图设置"对话框

2. 捕捉工具

"捕捉"是指捕捉模型空间或图纸空间内的不可见点的矩形阵列，"捕捉"的开启与"栅格"相似，如图 1-74 所示。

3. 正交模式

在 AutoCAD 绘图过程中，经常需要绘制水平和垂直线，但是用鼠标拾取线段的端点时很难保证两个点严格沿水平或垂直方向，为此，AutoCAD 提供了正交功能。当启用正交模式时，画线或移动对象时只能沿水平或垂直方向移动光标，此时的线段均为平行于坐标轴的正交线段。

注意：通过键盘输入点的坐标来绘制直线，不受正交模式的影响。

4. 对象捕捉工具

1) 对象捕捉工具栏

对象捕捉工具栏提供了十七种对象捕捉模式，如图 1-75 所示。

图 1-75 "对象捕捉"工具栏

2) 启动对象捕捉的方法

启动对象捕捉常用以下三种方法。

（1）单击"对象捕捉"工具栏中相应的捕捉模式图标按钮，如图 1-75 所示。

（2）按住 Shift 键，在绘图区域点击右键，在弹出"对象捕捉"快捷菜单中选择相应的捕捉模式。

（3）在命令行中输入对象捕捉命令。

3）常用对象捕捉点

常用对象捕捉点如表 1-11 所示。

表 1-11　常用对象捕捉点

捕捉模式	功　能
临时追踪点	建立临时追踪点
自	建立一个临时参考点作为指出后继点的基点
两点之间的中点	捕捉两个独立点之间的中点
点过滤器	由坐标选择点
端点	线段或圆弧的端点
中点	线段或圆弧的中点
交点	线、圆弧或圆等的交点
外观交点	图形对象在视图平面上的交点
延长线	指定对象的延伸线
圆心	圆或圆弧的圆心
象限点	距光标最近的圆或圆弧上可见部分的象限点，即圆周 0°，90°，180°，270° 位置上的点
切点	最后生成的一个点到选中的圆或圆弧上引切线的切点位置
垂足	在线段、圆、圆弧或它们的延长线上捕捉一个点，使之与最后生成的点的连线与该线段、圆或圆弧正交
平行线	绘制与指定对象平行的图形对象
节点	捕捉用 Point 或 Divide 等命令生成的点
插入点	文本对象和图块的插入点
最近点	离拾取点最近的线段、圆、圆弧等对象上的点
无	关闭对象捕捉模式
对象捕捉设置	设置对象捕捉

4）自动捕捉的设置

所谓自动捕捉是指当用户把光标放在一个图形对象上时，AutoCAD 就会自动捕捉到该对象上所有符合条件几何特征点，并显示出相应的标记。如果把光标放在捕捉点上停留片刻，还会显示该捕捉的提示，但是只有在提示输入点或指定点时，对象捕捉才生效。

设置自动捕捉模式的方法有以下两种。

（1）选择菜单栏中的"工具"→"草图设置"命令。

（2）将光标移到状态栏下的"极轴追踪"、"对象捕捉"或"对象"等处，单击右键，选择"设置"。

5）对象捕捉操作说明

"对象捕捉"复选框中的"√"表示对象捕捉已打开（如清除此"√"标志，表示对象捕捉关闭）。或者按下 F3 键，用户可以打开或关闭对象捕捉。

注意：设置自动对象捕捉模式时，不能选中过多的对象捕捉模式，否则绘图提示的捕捉点太多而降低绘图的操作性。所以，一般不将所有选项全部选中。

当捕捉对象为端点、中点、交点、切点、象限点、垂足、节点、插入点、最近点时，将光标移至需要捕捉的点的附近，光标即显示一个相应的捕捉标记（捕捉标记随捕捉类型而不同），单击左键即捕捉到该点。如图 1-76 所示的端点捕捉。

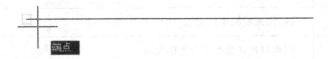

图 1-76　端点捕捉

当捕捉对象为圆心时，应将光标移至圆（圆弧）、椭圆（椭圆弧）或圆环的周边附近，在实体中心即出现圆心的捕捉标记，单击左键即捕捉到圆心，如图 1-77 所示。

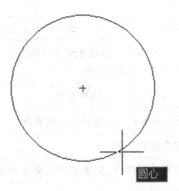

图 1-77　圆心捕捉

当捕捉对象为外观交点时，首先将光标移至一个实体上，屏幕显示"延伸外观交点"的捕捉标记，拾取一点后，再将光标移至另一个实体附近，在外观交点处即出现"交点"的捕捉标记，单击左键即捕捉到该外观交点，如图 1-78 所示。

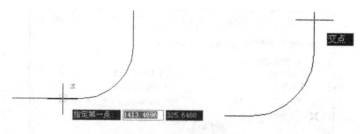

图 1-78　外观交点捕捉

　　当捕捉对象为延长线上的点时,当光标经过对象的端点时(不能单击),端点将显示小加号(＋),继续沿着线段或圆弧的方向移动光标,显示临时直线或圆弧的延长线,以便用户在临时直线或圆弧的延长线上指定点。如果光标滑过两个对象的端点后,在其端点处出现小加号(＋)移动光标到两对象延伸线的交点附近,可以捕捉延伸交点。

　　当捕捉对象为平行线上的点时,首先指定一点,然后将光标放在作为平行对象的某条直线上,光标处会出现一个"∥"符号,移开光标后,直线段上仍留有"＋"标记,屏幕显示一条虚线与所选直线段平行,用户可在虚线上拾取一点。这种对象捕捉类型只用于第一点以后的点的输入,且必须在非正交状态下进行。

　　5. 对象追踪

　　对象追踪是指按指定角度或与其他对象的指定关系绘制对象,可以结合对象捕捉功能进行自动追踪,也可以指定临时点进行临时追踪。

　　1) 极轴追踪

　　极轴相当于一个量角器,极轴追踪相当于用量角器测量角度。因此,极轴追踪也称角度追踪,按给定的极轴角增量来追踪特征点。极轴追踪功能可以在系统要求指定一个点时,按预先设置的极轴角增量来显示一条无限延伸的辅助线(虚线),可以沿辅助线追踪得到特征点,沿极轴追踪辅助线也可以设置极轴距离的值。

　　极轴追踪设置方法如下:右击状态栏中的"极轴"按钮,选择"设置"选项;出现"草图设置"对话框,在"极轴追踪"选项卡中选中"启用极轴追踪"复选框,如图 1-79 所示。然后进行极轴追踪各项的设置。

　　打开极轴追踪,则正交模式自动关闭,极轴追踪与正交模式只能二选一,不能同时使用。绘制直线时,确定第一点后,绘图窗口内显示样式(增量角为 15°)。用户可以移动光标,确定第二点的方向,即与 X 轴正方向的夹角,然后利用直接输入距离数值法,在命令行输入线段的长度,绘制图形。

　　2) 对象捕捉追踪

　　使用自动追踪功能可以快速、精确地定位点。

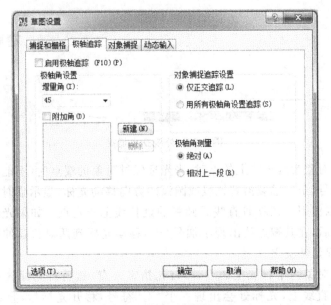

图 1-79 "极轴追踪"选项卡

对象捕捉追踪设置方法如下：右击状态栏中的"对象追踪"按钮，选择"设置"选项，出现"草图设置"对话框，在"对象捕捉"选项卡中，选中"启用对象捕捉追踪"复选框，如图 1-80 所示。

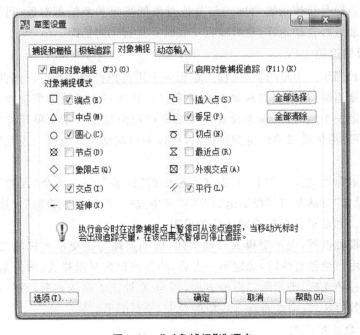

图 1-80 "对象捕捉"选项卡

1.4.8 图形显示

在使用 AutoCAD 绘图时,经常需用到一些控制图形显示的命令,如缩放、平移等,显示控制命令只改变图形在屏幕上的视觉效果,不改变图形实际尺寸的大小。

1. 视图缩放

视图缩放是指在屏幕上对图形进行放大或缩小,并不改变图形的实际尺寸,只是为了更清楚地观察或修改图形。

可进行实时缩放和动态缩放。

2. 视图平移

查看图形时,为了看清图形的其他部分,可以使用视图平移命令,视图平移不会改变图形中对象的位置或比例,只改变视图位置。

可以在下拉菜单中选择"实时"和"定点"两种平移命令,同时还可以沿"上、下、左、右"四个方向平移图形。

3. 鸟瞰视图

鸟瞰视图是一种定位工具,它在另外一个独立窗口中显示整个图形视图,以便快速移动到目的区域。在绘图时,如果鸟瞰视图保持打开状态,则可以直接进行缩放和平移,不需要选择菜单选项或输入命令。

鸟瞰视图在所有的视图空间都起作用,但是在快速缩放功能关闭的情况下无效。用户可以任意拖动鸟瞰视图的视框到不同位置,也可以拖动视框的边线而改变视框的大小。

执行"视图"→"鸟瞰视图"操作命令,系统会打开如图 1-81 所示的"鸟瞰视图"对话框。关闭时,只要单击左上角的关闭按钮即可。

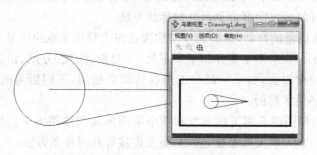

图 1-81 "鸟瞰视图"对话框

1.4.9 图形输出

当图形绘制完成后,有两种输出形式,一种是通过打印机或绘图仪将图形打印到图纸上,另一种是创建成文件供其他程序使用。

执行"文件"→"打印"操作后，系统会打开如图 1-82 所示的"打印"对话框，进行相关设置即可输出图形。

图 1-82 "打印"对话框

本 章 小 结

（1）工程图样是交流技术思想的工具，是工程技术人员的共同语言，本章着重介绍了"技术制图"与"机械制图"国家标准中图纸幅面及格式、比例、字体、图线及画法等标准中的部分规定，这些规定是制图中最基本的规定，在学习和工作中必须严格遵守。

（2）在尺寸注法中，掌握标注尺寸的基本规则。尺寸由尺寸线、尺寸界限、尺寸数字和符号组成。掌握常见尺寸的标注方法。

（3）图面质量的高低，绘图速度的快慢在很大程度上取决于是否能自如地运用各种绘图工具。本章主要介绍了丁字尺、三角板、圆规、分规、铅笔等常用绘图工具的正确使用方法，如丁字尺和三角板的联合使用，不同铅笔的削法等，这些都是制图时必须掌握的。

（4）几何作图中介绍了在工程制图中常用的几何作图方法。应掌握平行线和垂直线、多边形、斜度和锥度、椭圆、圆弧连接等几何作图方法。

（5）平面图形的尺寸按其作用分为定形尺寸和定位尺寸。平面图形的线段按所注尺寸情况可分为已知线段、中间线段、连接线段；平面图形正确的绘图步骤是：先画已知线段，中间线段，最后画连接线段。

（6）主要介绍了 AutoCAD 2008 的一些基础知识及用该软件绘图的基本操作，读者能够对 AutoCAD 2008 的基本操作有初步的认识。

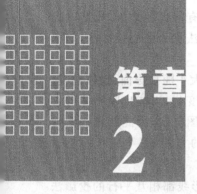

第章
2

正投影的基本原理

本章提要

　　本章主要介绍投影法的基本知识、物体的投影与视图,物体上的点、直线和平面的投影过程、表示方法和基本作图规律;AutoCAD平面图形的绘制。

2.1　投影法和投影体系

2.1.1　投影法的概念

　　在日常生活中,人们经常看到太阳光或灯光照射物体时,在地面或墙壁上出现物体的影子,这就是一种投影现象。投影法是将这一现象加以抽象而产生的。投射线投向物体,向选定的面投射,并在该面上得到图形的方法称为投影法。其中所得的图形为物体的投影,投影所在的平面称为投影面。

　　如图 2-1 所示,以平面 P 为投影面和不在该平面上的一点 S 为投影中心,从投影中心出发,通过空间点 A、B 的连线 SA、SB 称为投影线,投影线和投影面 P 的交点 a、b 即为点 A、点 B 的投影。

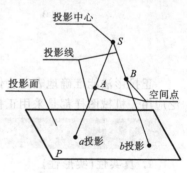

图 2-1　投影法的概念

2.1.2　投影法的分类

　　根据投影中心与投影面之间距离远近的不同,投影法分为中心投影法和平行投影法两大类。

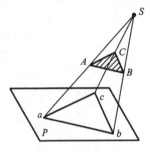

图 2-2　中心投影法示意

1．中心投影法

投影中心距离投影面在有限远的地方，投影时投影线汇交于投影中心的投影法称为中心投影法，如图 2-2 所示。

中心投影法得到投影的大小随投影面、物体、投射中心三者之间距离的变化而变化，不能反映物体的真实形状和大小，度量性差，作图复杂，因此在机械图样中很少采用。但它具有较强的立体感。

2．平行投影法

投影中心距离投影面在无限远的地方，投影时投影线都相互平行的投影法称为平行投影法，如图 2-3 所示。

根据投影线与投影面是否垂直，平行投影法又可以分为以下两种。

（1）斜投影法　投影线与投影面相倾斜的平行投影法，如图 2-3(a) 所示。

（2）正投影法　投影线与投影面相垂直的平行投影法，如图 2-3(b) 所示。

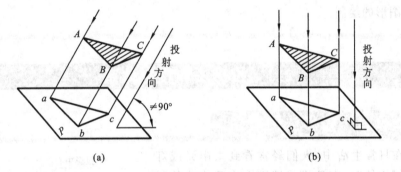

(a)　　　　　　　　　　　　(b)

图 2-3　平行投影法

(a)斜投影法　(b)正投影法

正投影法能准确地表达物体的形状结构，且度量性好，因此在工程中得到广泛应用。机械图样都是采用正投影法绘制的。

2.1.3　正投影的特性

1．真实性（实形性）

当线段或平面图形平行于投影面时，其投影反映实长或实形的性质称为真实性，如图 2-4(a) 所示。

2．积聚性

当直线或平面图形垂直于投影面时，直线的投影成为一点，平面图形的投影为一条直线的性质称为积聚性，如图 2-4(b) 所示。

3. 类似性

当直线或平面图形倾斜于投影面时,其投影比原直线或图形变小(或变短),但投影的形状与原来形状相类似的性质称为类似性,如图 2-4(c)所示。

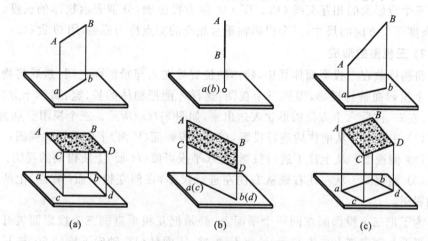

图 2-4 正投影的特性

(a)真实性 (b)积聚性 (c)类似性

2.1.4 三视图的形成及基本规律

一般情况下,一个视图不能确定物体的形状。如图 2-5 所示,两个形状不同的物体,它们在投影面上的投影都相同。因此,要反映物体的完整形状,必须增加由不同投影方向所得到的几个视图,互相补充,才能将物体表达清楚。工程上常用的是三视图。

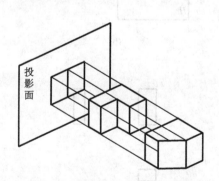

图 2-5 一个视图不能确定物体的形状

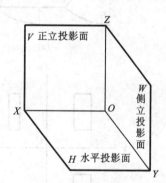

图 2-6 三投影面体系

1. 三视图的形成

1) 三投影面体系的建立

三投影面体系由三个互相垂直的投影面所组成,如图 2-6 所示。

在三投影面体系中，三个投影面分别为：正立投影面（简称为正面），用 V 表示；水平投影面（简称为水平面），用 H 表示；侧立投影面（简称为侧面），用 W 表示。

三个投影面的相互交线 OX、OY、OZ 称为投影轴，分别表示物体的长度、宽度、高度三个方向的尺寸；三个投影轴垂直相交的交点称为原点，用 O 表示。

2）三视图的形成

将物体放在三投影面体系中，物体的位置处在人与投影面之间，然后将物体对各个投影面进行投影，得到三个视图，这样才能把物体的长、宽、高三个方向，上下、左右、前后六个方位的形状表达出来，如图 2-7(a)所示。三个视图分别为：

（1）主视图　从前往后进行投影，在正立投影面（V 面）上所得到的视图；

（2）俯视图　从上往下进行投影，在水平投影面（H 面）上所得到的视图；

（3）侧视图　从左往右或从右往左进行投影，在侧立投影面（W 面）上所得到的视图。

为了把三个投影画在同一个平面上，必须把互相垂直的三个投影面展开成一个平面。规定展开的方法为：V 面不动，将 H 面绕 OX 轴向下旋转 $90°$ 与 V 面

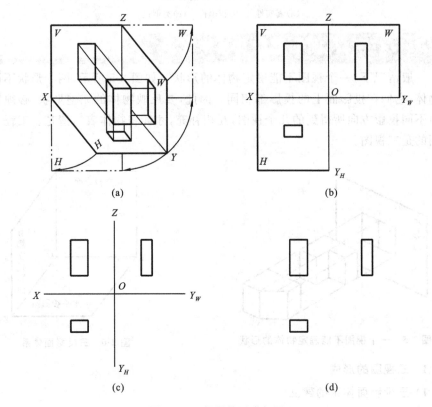

图 2-7　三视图的形成与展开

重合,将 W 面绕 OZ 轴向右旋转 $90°$ 与 V 面重合,如图 2-7(b)所示。这时 OY 轴分为两条,随 H 面旋转的一条以 OY_H 表示,随 W 面旋转的一条以 OY_W 表示。

展开后,三面投影的位置如图 2-7(c)所示布置,由于视图所表达的物体形状与投影面的大小、物体与投影面之间的距离无关,所以投影面的边框和投影轴一般不画出,如图 2-7(d)所示。

2. 三视图的投影规律

1) 位置关系

以主视图为准,俯视图在其正下方,左视图在其正右方。

2) 投影关系

从图 2-8 可以看出,一个视图只能反映两个方向的尺寸,主视图反映了物体的长度和高度,俯视图反映了物体的长度和宽度,左视图反映了物体的宽度和高度。由此可以归纳出以下三视图的投影规律。

(1) 主、俯视图"长对正"(即等长)。

(2) 主、左视图"高平齐"(即等高)。

(3) 俯、左视图"宽相等"(即等宽)。

三视图的投影规律反映了三视图的重要特性,也是画图和读图的依据。无论是整个物体还是物体的局部,其三面投影都必须符合这一规律。

图 2-8 视图间的"三等"关系

3) 方位关系

物体有上、下、左、右、前、后共六个方位,如图 2-9(a)所示。六个方位在三视图中的对应关系如图 2-9(b)所示。

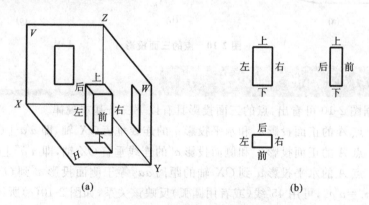

(a)   (b)

图 2-9 三视图的方位关系

(a)立体图 (b)三视图

主视图反映了物体的上、下、左、右四个方位关系。

俯视图反映了物体的前、后、左、右四个方位关系。

左视图反映了物体的上、下、前、后四个方位关系。

以主视图为中心，俯视图、左视图靠近主视图的一侧为物体的后面，远离主视图的一侧为物体的前面。

2.2 点的投影

2.2.1 点的三面投影及其标记

当投影面和投影方向确定时，空间一点只有唯一的一个投影。如图 2-10(a) 所示，假设空间有一点 A，过点 A 分别向 H 面、V 面和 W 面作垂线，得到的三个垂足 a、a'、a'' 便是点 A 在三个投影面上的投影。

规定用大写字母（如 A）表示空间点，它的水平投影、正面投影和侧面投影分别用相应的小写字母（如 a、a' 和 a''）表示。

根据三面投影图的形成规律将其展开，可以得到如图 2-10(b) 所示的带边框的三面投影图；省略投影面的边框线，就得到如图 2-10(c) 所示的点 A 的三面投影图。

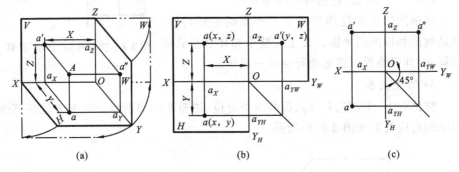

(a)	(b)	(c)

图 2-10　点的三面投影

2.2.2 点的三面投影规律

根据图 2-10 可看出，点的三面投影具有以下三条基本规律。

(1) 点 A 的正面投影 a' 和水平投影 a 的连线垂直 OX 轴，即 $a'a \perp OX$。

(2) 点 A 的正面投影 a' 和侧面投影 a'' 的连线垂直 OZ 轴，即 $a'a'' \perp OZ$。

(3) 点 A 的水平投影 a 到 OX 轴的距离 aa_x 等于侧面投影 a'' 到 OZ 轴的距离，即 $aa_x = a''a_z$，可用 $45°$ 线（或者用圆弧）反映该关系，如图 2-10(c) 所示。

例 2-1　已知点 A 的正面投影 a' 和侧面投影 a''，求作其水平投影 a（见图 2-11(a)）。

解　作图步骤如下。

步骤 1　过 a' 作 $a'a_x \perp OX$。

步骤 2 自点 O 作辅助线（与水平方向夹角为 45°），过 a'' 作垂直于 OYW 并交辅助线于一点。

步骤 3 过与辅助线的交点作垂直于 OZ 并与 $a'a_X$ 的延长线相交，交点即为所求的水平投影 a（见图 2-11(b)）。

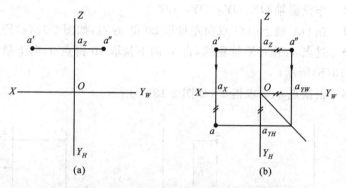

图 2-11　已知点的两个投影求第三个投影

2.2.3　点的三面投影与直角坐标的关系

三投影面体系可以看成是一个空间直角坐标系，因此可用直角坐标确定点的空间位置。投影面 H、V、W 作为坐标面，三条投影轴 OX、OY、OZ 作为坐标轴，三轴的交点 O 作为坐标原点。

由图 2-12 可以看出 A 点的直角坐标与其三个投影的关系

点 A 到 W 面的距离 $Aa''=Oa_X=a'a_Z=aa_{YH}=x$ 坐标值

点 A 到 V 面的距离 $Aa'=Oa_{YH}=aa_X=a''a_Z=y$ 坐标值

点 A 到 H 面的距离 $Aa=Oa_Z=a'a_X=a''a_{YW}=z$ 坐标值

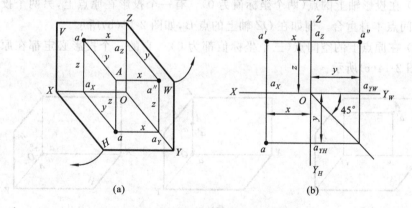

图 2-12　点的三面投影与直角坐标

用坐标来表示空间点位置比较简单，可以写成 $A(x,y,z)$ 的形式。

由图 2-12(b)可知，坐标 x 和 z 决定点 a 的正面投影 a'，坐标 x 和 y 决定点 a

的水平投影 a，坐标 y 和 z 决定点 a 的侧面投影 a''，若用坐标表示，则为 $a(x,y,0)$，$a'(x,0,z)$，$a''(0,y,z)$。

例 2-2 已知点 A 的坐标 $(20,10,18)$，作出点的三面投影。

解 作图步骤如下。

步骤 1 作投影轴 OX、OY_H、OY_W、OZ。

步骤 2 在 OX 轴上由 O 点向左量取 20 得 a_X 点，如图 2-13(a)所示。

步骤 3 过点 a_X 作 OX 轴垂线，自 a_X 向下量取 10 得点 a，向上量取 18 得点 a'，如图 2-13(b)所示。

步骤 4 根据点 a、a' 求得 a''，如图 2-13(c)所示。

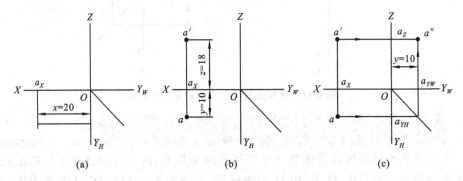

图 2-13　由点的坐标作点的三面投影

2.2.4 特殊位置点的投影

(1) 在投影面上的点（一个坐标值为 0）　有两个投影在投影轴上，另一个投影和其空间点本身重合。例如在 V 面上的点 A，如图 2-14(a)所示。

(2) 在投影轴上的点（两个坐标值为 0）　有一个投影在原点上，另两个投影和其空间点本身重合。例如在 OZ 轴上的点 B，如图 2-14(b)所示。

(3) 在原点上的空间点（三个坐标值都为 0）　它的三个投影必定都在原点上，如图 2-14(c)所示。

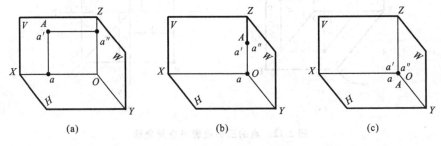

图 2-14　特殊位置点的投影

2.2.5 两点的相对位置

1. 两点的相对位置

根据两点相对于投影面的距离,即可确定两点的相对位置。图 2-15 给出了 A、B 两点的三个投影。从图中可见,点 A 的 X 坐标值大于点 B 的 X 坐标值,所以点 A 距 W 面较远,点 A 在点 B 的左方;点 A 的 Z 坐标值小于点 B 的 Z 坐标值,所以点 A 在点 B 下方;点 A 的 Y 坐标值小于点 B 的 Y 坐标值,所以点 A 在点 B 的后方。

综上所述,对于空间两点的相对位置有如下关系。

(1) 两点的左、右相对位置由 X 坐标值确定,X 坐标值大的在左。

(2) 两点的前、后相对位置由 Y 坐标值确定,Y 坐标值大的在前。

(3) 两点的上、下相对位置由 Z 坐标值确定,Z 坐标值大的在上。

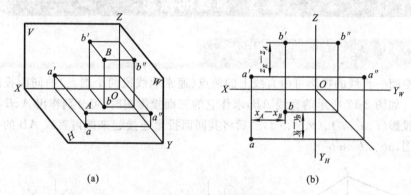

(a)   (b)

图 2-15 两点的相对位置

(a)立体图 (b)投影图

2. 重影点

若空间两点在某一投影面上的投影重合,则这两点是该投影面的重影点。这时,空间两点的某两坐标值相同,并在同一投射线上。

当两点的投影重合时,就需要判别其可见性,应注意:对 H 面的重影点,从上向下观察,Z 坐标值大者可见;对 W 面的重影点,从左向右观察,X 坐标值大者可见;对 V 面的重影点,从前向后观察,Y 坐标值大者可见。在投影图上不可见的投影加括号表示,如(a')。

在图 2-16(a)中,空间两点 C、D 位于垂直 H 面的投射线上,c、d 重影为一点,则 C、D 为对 H 面的重影点,Z 坐标值大者为可见,图中 $z_C > z_D$,故 c 为可见,d 为不可见,用 $c(d)$ 表示。

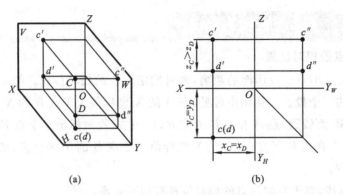

(a)　　　　　　　　　(b)

图 2-16　重影点及可见性判别
(a)立体图　(b)投影图

2.3　直线的投影

2.3.1　直线的三面投影

空间一直线的投影可由直线上的两点（通常取线段两个端点）的同面投影来确定。如图 2-17 所示的直线 AB，求作它的三面投影图时，可分别作出 A、B 两端点的投影（a、a'、a''）、（b、b'、b''），然后将其同面投影连接起来即得直线 AB 的三面投影图（ab、$a'b'$、$a''b''$）。

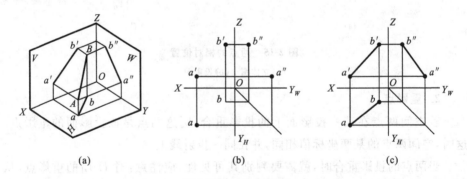

(a)　　　　　　　　(b)　　　　　　　　(c)

图 2-17　直线的投影
(a)立体图　(b)端点的投影　(c)直线的投影

2.3.2　各种位置直线的投影

根据直线在三投影面体系中的位置，直线可分为投影面倾斜线、投影面平行线、投影面垂直线三类。前一类直线称为一般位置直线，后两类直线称为特殊位置直线。

1. 一般位置直线

与三个投影面都处于倾斜位置的直线称为一般位置直线,如图 2-18 所示。

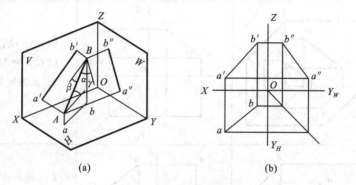

(a)　　　　　　　　　　(b)

图 2-18　一般位置直线

(a)立体图　(b)投影图

一般位置直线的投影特征如下。

(1)直线的三个投影和投影轴都倾斜,各投影和投影轴所形成的角度不等于空间线段对相应投影面的倾角。

(2)任何投影长度都小于空间线段的实长。

2. 投影面平行线

平行于一个投影面且同时倾斜于另外两个投影面的直线称为投影面平行线。根据其所平行的投影面不同,可分为以下三种。

(1)水平线　平行于 H 面,倾斜于 V 面和 W 面。

(2)正平线　平行于 V 面,倾斜于 H 面和 W 面。

(3)侧平线　平行于 W 面,倾斜于 V 面和 H 面。

直线对 H、V、W 面的倾角分别用 α、β、γ 表示,三种投影面的平行线的投影特点和性质如表 2-1 所示。

表 2-1　投影面平行线

名称	立　体　图	投　影　图	投影特性
水平线			(1)$a'b' \parallel OX$,$a''b'' \parallel OY_W$ (2)$ab = AB$ (3)反映倾角 β、γ 的大小

续表

名称	立 体 图	投 影 图	投 影 特 性
正平线	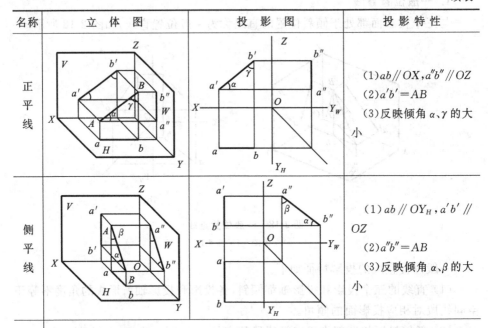		(1)$ab /\!/ OX$，$a''b'' /\!/ OZ$ (2)$a'b' = AB$ (3)反映倾角 α、γ 的大小
侧平线			(1)$ab /\!/ OY_H$，$a'b' /\!/ OZ$ (2)$a''b'' = AB$ (3)反映倾角 α、β 的大小
小结	(1)在所平行的投影面上的投影反映线段实长，且其投影与投影轴形成的夹角反映直线与另两个投影面的真实倾角。 (2)在另外两个投影面上的投影分别平行于相应的投影轴。		

3. 投影面垂直线

垂直于一个投影面且同时平行于另外两个投影面的直线称为投影面垂直线。根据其所垂直的投影面不同，可分为以下三种。

(1)铅垂线　垂直于 H 面，平行于 V 面和 W 面。

(2)正垂线　垂直于 V 面，平行于 H 面和 W 面。

(3)侧垂线　垂直于 W 面，平行于 V 面和 H 面。

三种投影面的垂直线的投影特点和性质如表 2-2 所示。

表 2-2　投影面垂直线

名称	立 体 图	投 影 图	投 影 特 性
铅垂线			(1)$a'b' \perp OX$，$a''b'' \perp OY_W$ (2)$a'b' = a''b'' = AB$ (3)H 面投影积聚为一点

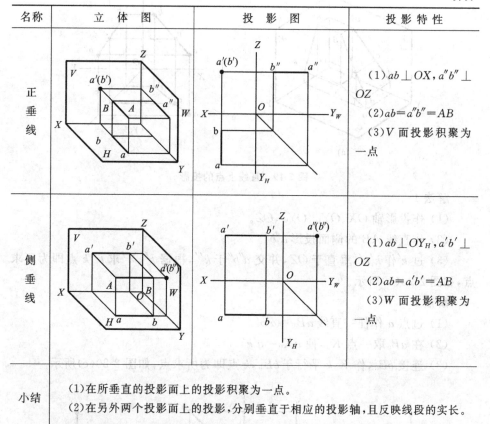

名称	立 体 图	投 影 图	投 影 特 性
正垂线			(1)$ab \perp OX$，$a''b'' \perp OZ$ (2)$ab = a''b'' = AB$ (3)V面投影积聚为一点
侧垂线			(1)$ab \perp OY_H$，$a'b' \perp OZ$ (2)$ab = a'b' = AB$ (3)W面投影积聚为一点
小结	(1)在所垂直的投影面上的投影积聚为一点。 (2)在另外两个投影面上的投影，分别垂直于相应的投影轴，且反映线段的实长。		

2.3.3 直线上点的投影

1. 点和直线的从属关系

点在直线上，则点的各个投影必定在该直线的同面投影上，反之，若一个点的各个投影都在直线的同面投影上，则该点必定在直线上。

图 2-19 所示直线 AB 上有一点 C，则点 C 的三面投影 c、c′、c″ 必定分别在该直线 AB 的同面投影 ab、a′b′、a″b″ 上。

2. 直线投影的定比性

直线上的点分割线段之比等于其投影之比，这称为直线投影的定比性。

在图 2-19 中，点 C 在线段 AB 上，它把线段 AB 分成 AC 和 CB 两段。根据直线投影的定比性，有 $AC:CB = ac:cb = a'c':c'b' = a''c'':c''b''$。

例 2-3 如图 2-20(a)所示，已知侧平线 AB 的两投影和直线上 K 点的正面投影 k′，求 K 点的水平投影 k。

解 作图步骤如下。

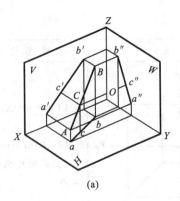
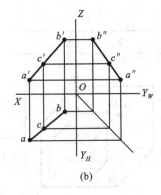

(a)   (b)

图 2-19　直线上点的投影

解法 1

(1) 作投影轴 OX、OY_H、OY_W、OZ。

(2) 作直线 AB 的侧面投影 $a''b''$。

(3) 过 k' 作 $k'k''$ 垂直于 OZ，并交 $a''b''$ 于 k''，根据 k'、k'' 求 k，k 点即为所求点，如图 2-20(b)所示。

解法 2

(1) 过点 a 作任一直线 $aB_0 = a'b'$。

(2) 在 aB_0 取一点 K_0，使 $aK_0 = a'k'$。

(3) 连接 bB_0，作 K_0k 平行于 bB_0，k 点即为所求点，如图 2-20(c)所示。

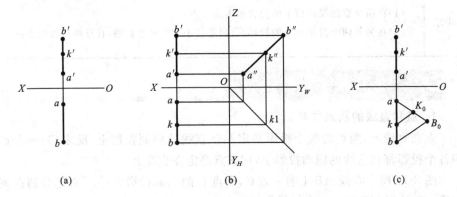

(a)   (b)   (c)

图 2-20　求直线上点的投影

(a)例 2-3 图　(b)解法 1　(c)解法 2

2.3.4　直角三角形法求一般位置直线的实长及倾角

由于一般位置直线的三面投影既不反映线段实长，也不能反映它与投影面的倾角。但在实际工程中往往遇到需要根据投影图求出直线段的实长和倾角的一类问题。在投影图上求一般位置直线段的实长及倾角的方法很多，这里简单介绍其中一种——直角三角形法。

如图 2-21(a)所示，AB 为一般位置直线，过端点 A 作直线 $AC /\!/ ab$，得直角三角形 $\triangle ABC$。在 $\triangle ABC$ 中，$AC = ab$，$BC = Bb - Aa = z_b - z_a = \Delta z$，$\angle BAC = \alpha$。

由此可见，只要已知投影长度 ab，坐标值差 Δz，就可求出 AB 的实长及倾角 α。同理可求得直线对 V 面的倾角 β 和对 W 面的倾角 γ，作图过程如图 2-21(b)所示。

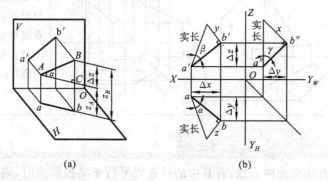

(a)　　　　　　　　(b)

图 2-21　直角三角形法求实长及倾角

2.3.5　两直线的相对位置

空间两直线的相对位置有平行、相交、交叉三种情况，它们的投影特性如表 2-3 所示。

表 2-3　两直线的相对位置投影特性

名称	立 体 图	投 影 图	投 影 特 性
平行两直线			两平行直线的同面投影分别平行
相交两直线			相交两直线的同面投影分别相交，且交点符合点的投影规律

续表

名称	立 体 图	投 影 图	投 影 特 性
交叉两直线	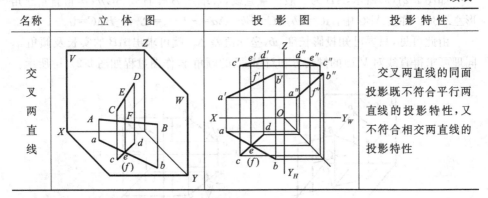		交叉两直线的同面投影既不符合平行两直线的投影特性，又不符合相交两直线的投影特性

2.3.6 直角投影定理

空间垂直相交的两直线，若其中的一直线平行于某投影面时，则在该投影面的投影仍为直角。反之，若相交两直线在某投影面上的投影为直角，且其中有一直线平行于该投影面时，则该两直线在空间必互相垂直。这就是直角投影定理。

如图 2-22 所示。已知 $AB \perp BC$，且 AB 为正平线，所以 $ab \perp bc$。

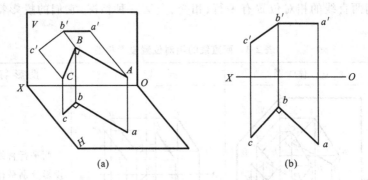

图 2-22　垂直相交的两直线的投影

(a)立体图　(b)投影图

例 2-4　如图 2-23(a)所示，已知菱形 $ABCD$ 的一条对角线 AC 为一正平线，菱形的一边 AB 位于直线 AM 上，求该菱形的投影图。

解　菱形的两条对角线相互垂直平分，因 AC 为正平线，由直角投影定理可知，$AC \perp BD$，其正面投影相互垂直。

作图步骤如下。

步骤 1　作 $bd \perp ac$，交 ac 于 k，且 $ak = kc$，交 am 于 b，且 $kb = kd$。

步骤 2　根据直线上点的从属性，求点 K、点 B 的水平投影 k'、b'。

步骤 3　连接 $k'b'$，过 d 作垂直于 OX 的直线，并交 $k'b'$ 的延长线于 d'。

步骤 4　依次连接 a、b、c、d 和 a'、b'、c'、d'，如图 2-23(b)所示。

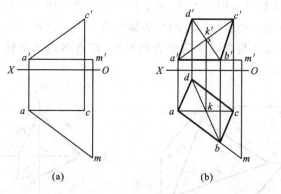

(a)　　　　　　　　　(b)

图 2-23　求菱形的投影图

2.4　平面的投影

2.4.1　平面的表示法

1. 几何元素表示法

由初等几何学可知,不在一条直线上的三点、一条直线和线外一点、两平行直线、两相交直线可决定一平面,在形体上任何一个平面图形都有一定的形状、大小和位置。从形状上看,常见的平面图形有三角形、矩形、正多边形等直线轮廓的平面图形。图 2-24 所示为用几何元素表示平面的示意。

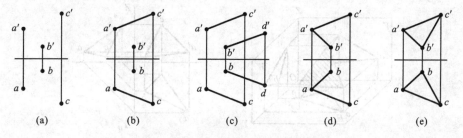

(a)　　　　(b)　　　　(c)　　　　(d)　　　　(e)

图 2-24　几何元素表示的平面示意

(a)不在同一直线上的三点　(b)直线与线外一点
(c)两条平行直线　(d)两条相交直线　(e)平面图形

2. 迹线表示法

迹线是指空间平面与投影面的交线,如图 2-25(a)所示。

平面 P 与 H 面的交线称为水平迹线,用 P_H 表示;平面 P 与 V 面的交线称为正面迹线,用 P_V 表示;平面 P 与 W 面的交线称为侧面迹线,用 P_W 表示。

P_H、P_V、P_W 两两相交的交点 P_X、P_Y、P_Z 称为迹线集合点,它们分别位于 OX、OY、OZ 轴上。

由于迹线既是平面内的直线，又是投影面内的直线，所以迹线的一个投影与其本身重合，另两个投影与相应的投影轴重合。在用迹线表示平面时，为了简明起见，只画出并标注与迹线本身重合的投影，而省略与投影轴重合的迹线投影，如图 2-25(b) 所示。

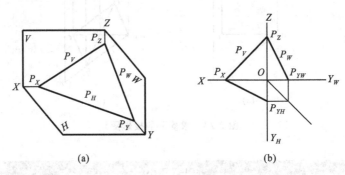

(a)　　　　　　　　　　　　(b)

图 2-25　用迹线表示平面

2.4.2　各种位置平面的投影特性

　　根据平面在三投影面体系中的位置，平面可分为投影面倾斜面、投影面平行面、投影面垂直面三类。前一类平面称为一般位置平面，后两类平面称为特殊位置平面。

1. 一般位置平面

　　对三个投影面都倾斜的平面称为一般位置平面，如图 2-26 所示。

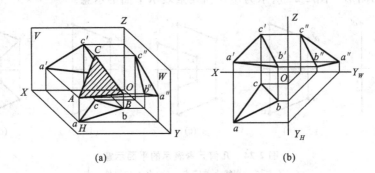

(a)　　　　　　　　　　　　(b)

图 2-26　一般位置平面

(a)立体图　(b)投影图

　　一般位置平面的投影特征可归纳为：一般位置平面的三面投影，既不反映实形，也无积聚性，而都为类似形。

2. 投影面平行面

　　平行于一个投影面及垂直于另两个投影面的平面称为投影面平行面。根据其所平行的投影面的不同，投影面平行面有以下三种形式。

（1）水平面　平行于 H 面,垂直于 V 面和 W 面。

（2）正平面　平行于 V 面,垂直于 H 面和 W 面。

（3）侧平面　平行于 W 面,垂直于 V 面和 H 面。

三种投影面平行面的投影特点及性质如表 2-4 所示。

表 2-4　投影面平行面的投影特性

名称	水　平　面	正　平　面	侧　平　面
立体图			
投影图			
投影特性	（1）H 面投影反映实形 （2）V 面、W 面投影积聚为直线,V 面投影平行于 OX 轴,W 面投影平行于 OZ 轴	（1）V 面投影反映实形 （2）H 面、W 面投影积聚为直线,H 面投影平行于 OX 轴,W 面投影平行于 OZ 轴	（1）W 面投影反映实形 （2）V 面、H 面投影积聚为直线,V 面投影平行于 OZ 轴,H 面投影平行于 OY 轴
小结	（1）在所平行的投影面上的投影反映实形 （2）在其他两投影面上的投影积聚为直线,且平行于相应的投影轴		

3. 投影面垂直面

垂直于一个投影面且同时倾斜于另外两个投影面的平面称为投影面垂直面。根据其所垂直的投影面的不同,投影面垂直面有以下三种形式。

（1）铅垂面　垂直于 H 面,倾斜于 V 面和 W 面。

（2）正垂面　垂直于 V 面,倾斜于 H 面和 W 面。

（3）侧垂面　垂直于 W 面,倾斜于 V 面和 H 面。

平面与投影面所形成的角度称为平面对投影面的倾角。α、β、γ 分别表示平面对 H 面、V 面、W 面的倾角。

三种投影面垂直面的投影特点及性质如表 2-5 所示。

表 2-5　投影面垂直面的投影特性

名称	铅 垂 面	正 垂 面	侧 垂 面
立体图			
投影图			
投影特性	(1)H 面投影积聚成一直线，与 OX、OYH 夹角反映平面与 V、W 面的倾斜角度 β、γ (2)V 面、W 面投影为类似形	(1)V 面投影积聚成一直线，与 OX、OZ 夹角反映平面与 H、W 面的倾斜角度 α、γ (2)H 面、W 面投影为类似形	(1)W 面投影积聚成一直线，与 OZ、OYW 夹角反映平面与 H、W 面的倾斜角度 α、β (2)V 面、H 面投影为类似形
小结	(1)在所垂直的投影面上的投影积聚成一直线，与两投影轴的夹角反映平面对其他两投影面的倾角 (2)在其他两投影面上的投影为类似形		

2.4.3　平面内的点和直线的投影

1. 平面内的点

点在平面上的几何条件是：点在平面内的一直线上，则该点必在平面上。因此在平面上取点，必须先在平面上取一直线，然后再在该直线上取点。这是在平面的投影图上确定点所在位置的依据。

如图 2-27 所示，相交两直线 AB、AC 确定一平面 P，点 K 取自直线 AB，所

以点 K 必在平面 P 上。

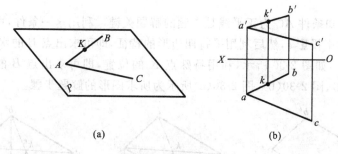

(a)　　　　　　　　(b)

图 2-27　平面上的点

2. 平面上的直线

直线在平面上的几何条件是：

（1）若一直线通过平面上的两个点，则此直线必定在该平面上；

（2）若一直线通过平面上的一点并平行于平面上的另一直线，则此直线必定在该平面上。

如图 2-28 所示，相交两直线 AB、AC 确定一平面 P，分别在直线 AB、AC 上取点 E、F，连接 EF，则直线 EF 为平面 P 上的直线。作图方法见图 2-28(b)。

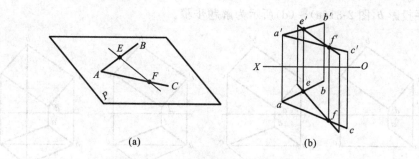

(a)　　　　　　　　(b)

图 2-28　平面内的直线几何条件(1)

如图 2-29 所示，相交两直线 AB、AC 确定一平面 P，在直线 AC 上取点 E，过点 E 作直线 $MN /\!/ AB$，则直线 MN 为平面 P 上的直线。作图方法见图 2-29(b)。

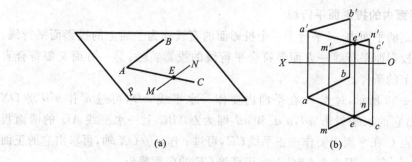

(a)　　　　　　　　(b)

图 2-29　平面内的直线几何条件(2)

例 2-5　如图 2-30 所示，已知 AC 为正平线，补全平行四边形 $ABCD$ 的水平投影。

解　已知条件 AC 为正平线是本题的解题关键。利用这一条件，可以直接求出点 C 的水平投影 c，然后利用平行四边形的特征，即可求出点 B 的水平投影 b。

解法 1　如图 2-30 所示，利用特殊点 K 的位置，即可求出点 B 的水平投影 b，图 2-30(a)、图 2-30(b)、图 2-30(c)所示为所求图形的解题步骤。

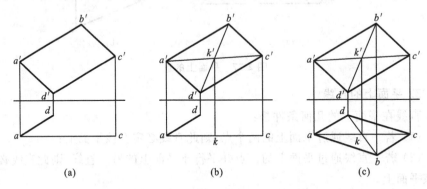

图 2-30　求平行四边形 $ABCD$ 的水平投影

解法 2　利用平行四边形投影的对边也互相平行这一特征，也可求出点 B 的水平投影 b，图 2-31(a)～(d)所示为解题步骤。

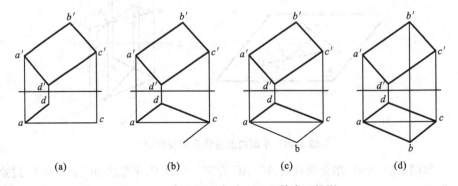

图 2-31　求平行四边形 $ABCD$ 的水平投影

3. 平面内的投影面平行线

在给定的平面内，又平行于一个投影面的直线称为平面上的投影面平行线。平面上的投影面平行线一方面要符合平行线的投影特性，另一方面又要符合直线在平面上的条件。

如图 2-32 所示，过点 A 在平面内要作一水平线 AD，可过 a' 作 $a'd' /\!/ OX$ 轴，再求出它的水平投影 ad，$a'd'$ 和 ad 即为 $\triangle ABC$ 上一水平线 AD 的两面投影。如过点 C 在平面内要作一正平线 CE，可过 c 作 $ce /\!/ OX$ 轴，再求出它的正面投影 $c'e'$，$c'e'$ 和 ce 即为 $\triangle ABC$ 上一正平线 CE 的两面投影。

例 2-6 △*ABC* 平面如图 2-33(a)所示,要求在△*ABC* 平面上取一点 *K*,使点 *K* 在点 *A* 之下 15 mm,在点 *A* 之前 10 mm,试求出点 *K* 的两面投影。

解 作图步骤如下。

步骤 1 作 *m'n'* ∥ *OX*,且距点 *a'* 15 mm,由 *m'*、*n'* 作投影连线,得水平投影 *m*、*n*,连接 *mn*,如图 2-33(b)所示。

步骤 2 作 *ef* ∥ *OX*,且距点 *a* 10 mm,由 *e*、*f* 作投影连线,得正面投影 *e'*、*f'*,连接 *e'f'*,*ef* 交 *mn* 于 *k*,即为点 *K* 的水平投影,如图 2-33(c)所示。

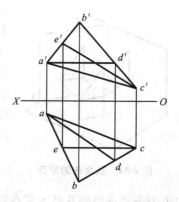

图 2-32 平面内的投影面平行线

步骤 3 由 *k* 作投影连线得正面投影 *k'*,即为点 *K* 的正面投影,如图 2-33(d)所示。

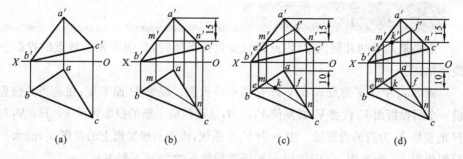

(a)　　　　(b)　　　　(c)　　　　(d)

图 2-33 平面上取点

2.5 直线与平面由一般位置向特殊位置的转变

在解决工程实际问题时,经常遇到求解度量问题,如实长、实形、距离、夹角等,或者求解定位问题,如交点、交线等。通过对直线或平面的投影分析可知,当直线或平面对投影面处于一般位置时,在投影图上不能直接反映它们的实长、实形、距离、夹角等;当直线或平面对投影面处于特殊位置时,在投影图上就可以直接得到它们的实长、实形、距离、夹角等。换面法就是研究如何改变空间几何元素对投影面的相对位置,以达到简化解题的目的。

2.5.1 换面法的基本概念

1. 换面法

空间几何元素的位置保持不动,用新的投影面代替原来的投影面,使几何元

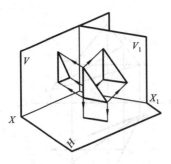

图 2-34　换面法的原理

素在新投影面上的投影对于解题最为简便，这种方法称为变换投影面法，简称换面法。如图 2-34 所示为一处于铅垂位置的三角形平面在 V-H 体系中不反映实形，现作一个与 H 面垂直的新投影面 V_1，它平行于三角形平面，组成新的投影面体系 V_1-H，再将三角形平面向 V_1 面进行投影，这时三角形平面在 V_1 面上的投影就反映该平面的实形。

2. 新投影面的选择

在进行投影变换时，新投影面是不能任意选择的，首先要使空间几何元素在新投影面上的投影能够更方便地解决问题，并且新投影面必须要和不变的投影面构成一个直角两面体系，这样才能应用正投影原理作出新的投影图。因而新投影面的选择必须符合以下两个基本条件。

（1）新投影面必须垂直于原投影面体系中的一个不变的投影面。

（2）新投影面必须使空间几何元素处于有利于解题的位置。

2.5.2　点的投影变换

点是最基本的几何元素，因此研究变化投影面时，必须首先了解点的投影变换规律。

图 2-35 中 a、a' 为点 A 在 V-H 体系中的投影。现令 H 面不变，在适当的位置设一个新投影面 V_1 代替 V，必须使 $V_1 \perp H$，从而组成了新的投影体系 V_1-H。V_1 与 H 的交线 X_1 为新的投影轴。由 A 向 V_1 作垂线，得到新投影面上的投影 a_1'，而水平投影仍为 a。新投影 a_1'、旧投影 a' 和不变投影 a 之间有下列关系。

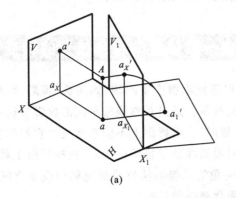
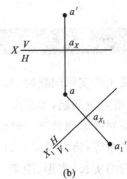

（a）　　　　　　　　（b）

图 2-35　变换 V 面

（1）由于这两个体系具有公共的水平投影面 H，因此点 A 到 H 面的距离（即 Z 坐标值）在新旧体系中都是相同的，即 $a'a_X = Aa = a_1'a_{X_1}$。

（2）当 V_1 面绕 X_1 轴转至与 H 面重合时，根据点的投影规律可知，aa_1' 必定垂

直于 X_1 轴。

根据以上分析可得投影变换规律。

① 点的新投影和不变投影的连线垂直于新投影轴,即 $aa_1' \perp X_1$;

② 点的新投影到新投影轴的距离等于点的旧投影到旧轴的距离,即 $a_1'a_{X_1} = a'a_X$。

根据上述规律,同样可作出点在 $V\text{-}H_1$(即 V 面保持不动,更换 H 面)体系中的新投影,如图 2-36 所示。

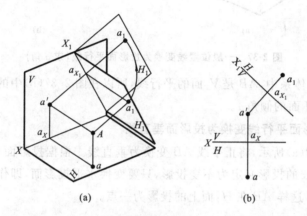

(a)　　　　　　　　　(b)

图 2-36　变换 H 面

2.5.3　直线的投影变换

直线是由两点决定的,因此当直线变换时,只要将直线上任意两点的投影加以变换,即可求得直线的新投影。

在解决实际问题时,根据实际需要经常要将一般位置线变换成平行或垂直于新投影面的位置。

1. 将一般位置线变换为投影面平行线

如图 2-37(a)所示,AB 为一般位置线,如要变换为正平线,则必须变换 V 面,使新投影面 V_1 面平行于 AB,这样 AB 在 V_1 面上的投影 $a_1'b_1'$ 将反映 AB 的实长,$a_1'b_1'$ 与 X_1 轴的夹角反映直线对 H 面的倾角 α。

作图步骤如图 2-37(b)所示。

步骤 1　在适当位置作新投影轴 $X_1 /\!/ ab$(新投影轴 X_1 与 ab 的远近和所求作线段的实长无关)。

步骤 2　以水平投影 ab 的两个端点分别向新投影轴 X_1 引垂线。

步骤 3　按投影变换规律作出点 A、B 在 V_1 面上的投影 a_1'、b_1',并将其连接起来,即得线段 AB 的新投影 $a_1'b_1'$。

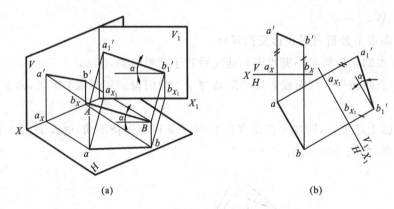

(a)   (b)

图 2-37　一般位置线变换为投影面平行线（求 α 角）

在 V_1-H 体系中，AB 是 V_1 面的平行线，所以在图 2-37(b)中的 $a_1'b_1'$ 反映 AB 的实长和对 H 面的倾角 α。

2. 将投影面平行线变换为投影面垂直线

如图 2-38(a)所示，将正平线 AB 变换为垂直线。根据投影面垂直线的投影特性，反映实长的投影必定为不变投影，只要变换水平投影面，即作新投影面 H_1 面垂直于 AB，这样 AB 在 H_1 面上的投影为一点。

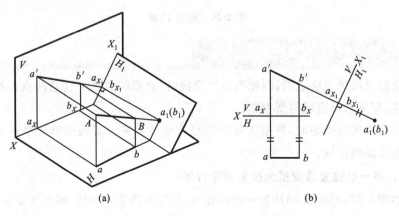

(a)   (b)

图 2-38　正平线变换为投影面垂直线

作图步骤如图 2-38(b)所示。

步骤 1　在适当位置作 H_1 面垂直于直线 AB 的正面投影 $a'b'$。

步骤 2　作连线，并根据投影变换规律作出点 A、B 在 H_1 面上的投影 a_1 和 b_1，它们必重合为一点。

根据上述方法，将水平线 AB 变换为垂直线，只要变换正投影面，即作新投影面 V_1 面垂直于 AB，这样 AB 在 V_1 面上的投影为一点，如图 2-39 所示。

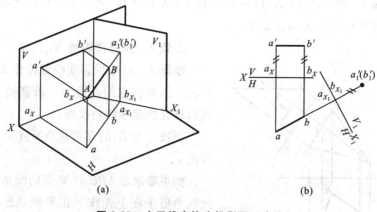

(a)   (b)

图 2-39 水平线变换为投影面垂直线

2.5.4 平面的投影变换

平面的投影变换是指将决定平面的一组几何要素的投影加以变换,从而求得平面的新投影。根据具体要求,可以将平面变换成平行或垂直于新投影面的位置。

1. 将一般位置面变换为投影面垂直面

当一般位置面变换为投影面垂直面时,就可以求出平面对投影面的倾角。

如图 2-40(a)所示,△ABC 为一般位置面,如要变换为正垂面,则必须取新投影面 V_1 代替 V 面,V_1 面既垂直于△ABC,又垂直于 H 面,为此可在三角形上先作一水平线,然后作 V_1 面与该水平线垂直,则它也一定垂直于 H 面。

作图步骤如图 2-40(b)所示。

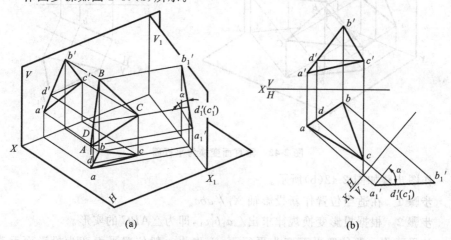

(a)   (b)

图 2-40 一般位置平面变换为投影面垂直面(求 α 角)

步骤 1 作 $c'd' /\!/ OX$，过 d' 作垂直于 OX 的连线，求出水平投影 d，连接 cd，即得面内平行线 $CD(cd, c'd')$。

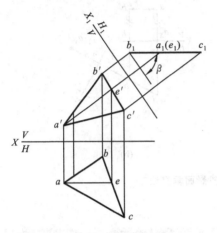

图 2-41 一般位置平面求 β 角

步骤 2 作新投影轴 $X_1 \perp cd$。

步骤 3 根据投影变换规律作出新投影 a_1'、b_1'、c_1'，并将它们连接为一条直线，即为三角形具有积聚性的新投影。

新投影与 X_1 的夹角就是平面对 H 面的倾角 α。

如果要求 $\triangle ABC$ 对 V 面的倾角 β，可在此三角形平面上先作一正平线 AE，然后作 H_1 面垂直于 AE，则 $\triangle ABC$ 在 H_1 面上的投影为一直线，它与 X_1 轴的夹角反映 $\triangle ABC$ 对 V 面的倾角 β，如图 2-41 所示。其作图原理和作图步骤与图 2-40(b) 相同。

2. 将投影面垂直面变换为投影面平行面

将图 2-42(a) 所示的铅垂面 $\triangle ABC$ 变换为投影面平行面。根据投影面平行面的投影特性，重影为一直线的投影必定为不变投影，因此可以变换 V 面，使新投影面 V_1 平行于 $\triangle ABC$，这样 $\triangle ABC$ 在 V_1 面上的投影 $\triangle a_1' b_1' c_1'$ 反映实形。

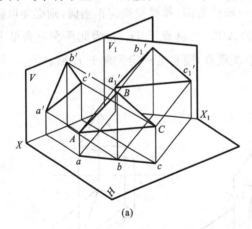

(a)

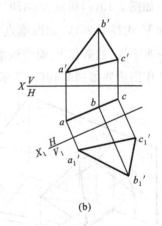

(b)

图 2-42 垂直面变换为平行面

作图步骤如图 2-42(b) 所示。

步骤 1 在适当位置作新投影轴 $X_1 /\!/ abc$。

步骤 2 根据投影变换规律求出 $\triangle a_1' b_1' c_1'$，即为 $\triangle ABC$ 的实形。

如果要将一般位置平面变为平行面，需先将一般位置平面变为投影面垂直面，再将垂直面变为平行面，即把图 2-41(b) 和图 2-42(b) 两者结合起来。

2.6 AutoCAD 平面图形绘制

2.6.1 绘制手柄

1. 任务要求

绘制如图 2-43 所示的手柄要求：用 A4 图纸，不留装订边，横向放置；利用对象捕捉、对象追踪、圆、圆弧、偏移等命令，按照国家标准的有关规定绘制，无须标注尺寸。

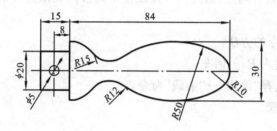

图 2-43 手柄样例

2. 相关知识

1) 直线段

（1）功能。

在 AutoCAD 2008 中，直线段是一幅图形中最基本的元素。使用 Line 命令，可以在任意两点之间画直线，也可以连续输入下一点画出一系列连续的直线段，直到按回车键或空格键退出画直线命令为止。

（2）调用命令的方法。

① 绘图工具栏 单击 ╱ 。

② 命令 输入 Line，回车。

③ 菜单 选择"绘图"→"直线"命令。

（3）操作步骤。

命令：Line。

指定第一点：输入直线段的起点，用鼠标指定点或者给定点的坐标。

指定下一点或点击[放弃（U）]：输入直线段的终点，也可以用鼠标指定一定角度后，直接输入直线的长度；输入选项"U"表示放弃前面的输入；单击鼠标右键或按回车键"Enter"，结束命令。

指定下一点或[闭合（C）/放弃（U）]：输入下一直线段的端点，或输入选项"C"，使图形闭合，结束命令。

（4）命令行中有关说明及提示。

① 执行直线段命令，一次可画一条直线段，也可连续画多条直线段。每条直线段都是一个独立的对象。

② 坐标输入时可以用输入指定点坐标值。

③ 按"U"（undo）键 消去最后画的一条线。

④ 按"C"（close）键 终点和起点重合，图形封闭。

2）射线

（1）功能。

射线是一条只有起点、通过另一点或指定某方向无限延伸的直线，一般作为辅助线。

（2）调用命令的方法。

① 命令 输入 Ray，回车。

② 菜单 选择"绘图"→"射线"命令。

（3）操作步骤。

命令：Ray。

指定起点：给出起点。

指定通过点：给出通过点，绘制出射线。

指定通过点：过起点绘制出另一射线，按"Enter"键结束命令。

3）构造线

（1）功能。

构造线是指通过某两点并确定了方向向两端无限延伸的直线，一般作为辅助线。

（2）调用命令的方法。

① 绘图工具栏 单击 ✎ 。

② 命令 输入 Xline，回车。

③ 菜单 选择"绘图"→"构造线"命令。

（3）操作步骤。

命令：Xline。

指定点或[水平（H）/垂直（V）/角度（A）/二等分（B）/偏移（O）]：给出点。

指定通过点：给定通过点 2，画一条双向无限长直线。

指定通过点：继续给点，继续画线，回车结束命令。

（4）命令行中有关说明及提示。

① 指定点 通过指定的两点画构造线。

② 水平（H） 画水平方向构造线。

③ 垂直(V) 画垂直方向构造线。

④ 角度(A) 绘制与 X 轴正方向或已有直线之间的夹角为指定角的构造线。

⑤ 二等分(B) 绘制平分角的构造线。

⑥ 偏移(O) 绘制平行已有直线的构造线。

命令行中有关说明及提示如图 2-44 所示。

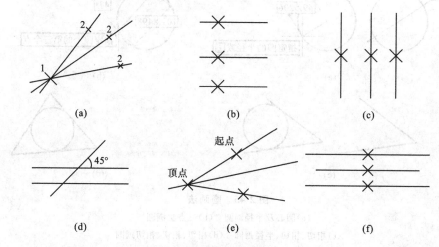

图 2-44 构造线

(a)指定点 (b)水平 (c)垂直 (d)角度 (e)二等分 (f)偏移

4) 圆命令

(1) 功能。

AutoCAD 提供了许多种画圆的方法,其中包括以圆心、半(直)径绘圆;以两点方式绘圆;以三点方式绘圆;以相切、相切、半径绘圆;以相切、相切、相切绘圆等。

(2) 调用命令的方法。

① 绘图工具栏 单击 ⊘ 。

② 命令 输入 Circle,回车。

③ 菜单 选择"绘图"→"圆"命令。

(3) 操作步骤。

命令:Circle。

指定圆的圆心或[三点(3P)/两点(2P)/相切、相切、半径(T)]:指定圆心。

指定圆半径或[直径(D)]:输入半径值,按回车确定。

(4) 命令行中有关说明及提示。

① 圆心、半径(R) 给定圆的圆心及半径画圆。

② 圆心、直径(D) 给定圆的圆心及直径画圆。

③ 两点（2P） 给定圆的直径上两个端点绘制圆。

④ 三点（3P） 给定圆的任意三点绘制圆。

⑤ 相切、相切、半径（T） 给定与圆相切的两个对象和圆的半径绘制圆。

⑥ 相切、相切、相切（A） 给定与圆相切的 3 个对象绘制圆。

命令行中有关说明及提示如图 2-45 所示。

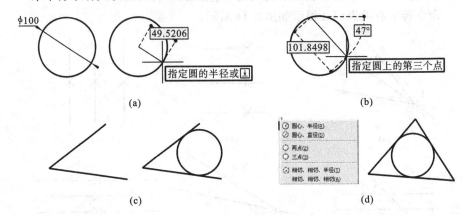

图 2-45 圆画法

(a)圆心及半径画圆 (b)三点法画圆

(c)相切、相切、半径画圆 (d)相切、相切、相切画圆

5）圆弧命令

（1）功能。

在 AutoCAD 2008 中，圆弧的绘制方法有 11 种，可以通过设置起点、方向、中点、角度、终点、弦长等参数来进行绘制。

（2）调用命令的方法。

① 工具栏 单击 ⌒ 。

② 命令 输入 Arc（缩写名：A），回车。

③ 菜单 选择"绘图"→"圆弧"命令。

（3）操作步骤。

命令：Arc。

指定圆弧的起点或［圆心（C）］：指定起点。

指定圆弧的第二点或［圆心（C）/端点（E）］：指定第 2 点。

指定圆弧的端点：指定端点。

通过选择菜单栏→"绘图"→"圆弧"命令后，系统将弹出如图 2-46（a）所示"圆弧"下拉菜单，在子菜单中提供 9 种绘制圆弧的方法，建议初学者不使用此命令。当遇到圆弧连接的图形，可用"圆"命令配合"修剪"命令绘制，如图 2-46（b）所示。

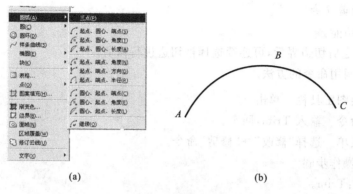

(a)   (b)

图 2-46 圆弧画法

6) 偏移命令

（1）功能。

偏移的功能体现在创建一个与选择对象形状相同、等距的平行或同心的图形，如图 2-47 所示。

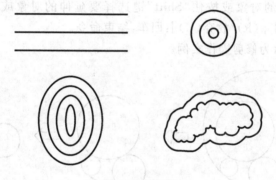

图 2-47 偏移

（2）调用命令的方法。

① 绘图工具栏 单击"偏移"。

② 命令 输入 Offset，回车。

③ 菜单 选择"修改"→"偏移"命令。

（3）操作步骤。

命令：Offset。

当前设置：删除源＝否，图层＝源，OFFSETGAPTYPE＝0。

指定偏移距离或［通过(T)/删除(E)/图层(L)］＜10.0000＞：指定偏移距离。

选择要偏移的对象或［退出(E)/放弃(U)］＜退出＞：选择源对象。

指定要偏移的那一侧上的点或［退出(E)/多个(M)］/放弃(U)＜退出＞：在对象的外侧单击鼠标。

选择要偏移的对象或［退出(E)/放弃(U)］＜退出＞：回车，结束命令。

7）修剪命令

（1）功能。

在指定剪切边界后，可连续选择被切边进行修剪。

（2）调用命令的方法。

① 绘图工具栏　单击 -/--- 。

② 命令　输入 Trim，回车。

③ 菜单　选择"修改"→"修剪"命令。

（3）操作步骤。

命令：Trim。

当前设置：投影＝UCS，边＝无，选择剪切边…。

选择对象：用鼠标选择要修剪的边界。

选择对象：回车，结束命令。

选择要修剪的对象或按住"Shift"键选择要延伸的对象或［栏选（F）/窗交（C）/投影（P）/删除（R）/放弃（U）］：用鼠标单击要修剪的边。

选择要修剪的对象或按住"Shift"键选择要延伸的对象或［栏选（F）/窗交（C）/投影（P）/删除（R）/放弃（U）］：回车，结束命令。

图 2-48 所示为修剪操作实例。

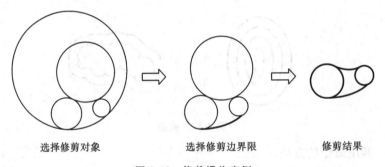

选择修剪对象　　　　　选择修剪边界限　　　　修剪结果

图 2-48　修剪操作实例

8）选择对象的方式

（1）点选方式。

用户可以用鼠标一个一个地单击要选择的目标，该对象即被选中，选择的目标将逐个地添加到选择集中；而被选中的图形对象以虚线高亮显示，以区别其他图形。

（2）窗口方式。

用户可使用光标在屏幕上指定两个点来定义一个矩形窗口。如果某些可见对象完全包含在该窗口之中，则这些对象将被选中。

应用"窗口方式"选择对象常用下述方法：在选择对象时首先确定窗口的左

侧交点,再向右拖动定义窗口的右侧角点。此时,只有完全包含在选择窗口中的对象才被选中。

(3) 窗交方式。

窗交方式类似窗口方式,该方式同样需要用户在屏幕上指定两个点来定义一个矩形窗口。不同之处在于,该矩形窗口显示为虚线的形式,而且在该窗口之中所有可见对象均将被选中,而无论其是否完全位于该窗口中。

应用"窗交方式"选择对象常用下述方法:在选择对象时首先确定窗口的右侧交点,再向左拖动定义窗口的左侧角点。此时,只要包含在选择窗口中的对象都会被选中。

(4) 栏选方式。

在"栏选方式"下,用户可指定一系列的点来定义一条任意的折线作为选择栏,并以虚线的形式显示在屏幕上,所有与其相交的对象均被选中。

(5) 全选方式。

将图形中除冻结、锁定层上的所有对象选中,可以使用"全选方式"选择对象。当命令提示为"选择对象:"时,输入"All",回车即可。

(6) 错选时的应对措施。

在选择目标时,有时会不小心选中不该选择的目标,这时用户可以键入"R"来响应"select objects:"提示,然后把一些误选的目标从选择集中剔除,然后键入"A",再向选择集中添加目标。当所选择实体和别的实体紧挨在一起时可在按住"Ctrl"键的同时,然后连续单击鼠标左键,这时紧挨在一起的实体依次高亮度显示,直到所选实体高亮度显示,再按下"Enter"键(或单击鼠标右键),即选择了该实体。

(7) 取消选择方式。

在"选择对象:"提示下,键入 Undo→回车,将取消最后一次进行的对象选择操作。

(8) 结束选择方式。

在"选择对象:"提示下,直接用回车响应,结束对象选择操作,进入指定的编辑操作。

3. 任务实施

绘制手柄步骤如下。

步骤 1 设置图形界限。

单击菜单"格式"→"单位",设置长度单位为小数点后 2 位,角度单位为小数点后 1 位;单击菜单"格式"→"图形界限",根据图形尺寸,将图形界限设置为 210 mm×297 mm。

单击状态栏中的"栅格",按钮凹下,栅格打开,显示图形界限。

步骤 2 创建图层。

打开图层管理器,创建各个图层的特性如表 2-6 所示。

表 2-6   图层的特性

层 名	颜色	线 型	线 宽	功 能
点画线	红色	Center	0.25	画中心线
虚线	黄色	Hidden	0.25	画虚线
细实线	蓝色	Continuous	0.25	画细实线及尺寸、文字
剖面线	绿色	Continuous	0.25	画剖面线
粗实线	白(黑)色	Continuous	0.25	画轮廓线及边框

步骤 3   设置对象捕捉。

右击状态栏上的"对象捕捉"→"设置"设置捕捉模式：端点、交点、切点。为提高绘图速度，最好同时打开"对象捕捉"、"对象追踪"、"极轴"。

步骤 4   绘制手柄。

（1）画基线   在图层下拉框中，选择"点画线"图层。利用"偏移"命令，画出基准线，并根据各个封闭图形的定位尺寸画出定位线，如图 2-49 所示。

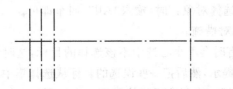

图 2-49   绘制基线

（2）画出已知线段   在图层下拉框中，选择"粗实线"图层。

利用"直线"命令，绘制已知尺寸为 20、15、8 的已知线段。

利用"圆"命令，绘制直径为 5 的圆；

利用"圆"命令，绘制 $R15$、$R10$ 的圆。

利用"修剪"命令，完成 $R15$ 圆弧，如图 2-50 所示。

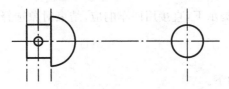

图 2-50   画出已知线段

（3）画出中间线段   在图层下拉框中，选择"点画线"图层。利用"偏移"命令，绘制距离水平点画线上下各 15 mm 的辅助线。

在图层下拉框中，选择"粗实线"图层，调用"圆"命令。

命令行中出现"命令：Circle 指定圆的圆心或〔三点（3P）/两点（2P）/相切、相切、半径（T）〕："此时输入"T"，回车。

命令行中出现"指定对象与圆的第一个切点:"指定距离中心线上侧为 15mm 辅助线上的某个点为第 1 个切点。

命令行中出现"指定对象与圆的第二个切点:"指定 $R10$ 圆上的某个点为第 2 个切点。

命令行中出现"指定圆的半径<10.0000>:"输入"50",回车。

重新调用"圆"命令。

命令行中出现"命令:Circle 指定圆的圆心或[三点(3P)/两点(2P)/相切、相切、半径(T)]:"此时输入"T",回车。

命令行中出现"指定对象与圆的第一个切点:"指定距离中心线下侧为 15mm 辅助线上的某个点为第 1 个切点。

命令行中出现"指定对象与圆的第二个切点:"指定 $R10$ 圆上的某个点为第 2 个切点。

命令行中出现"指定圆的半径<10.0000>:"输入"50",回车,如图 2-51 所示。

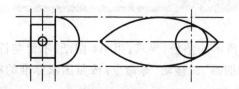

图 2-51 画出中间线段

(4) 画出连接线段 调用"圆"命令。

命令行中出现"命令:Circle 指定圆的圆心或[三点(3P)/两点(2P)/相切、相切、半径(T)]:"此时输入"T",回车。

命令行中出现"指定对象与圆的第一个切点:"指定 $R15$ 圆上的某个点为第 1 个切点。

命令行中出现"指定对象与圆的第二个切点:"指定 $R50$ 圆上的某个点为第 2 个切点。

命令行中出现"指定圆的半径<10.0000>:"输入"12",回车。

重新调用"圆"命令。

命令行中出现"命令:Circle 指定圆的圆心或[三点(3P)/两点(2P)/相切、相切、半径(D)]:"此时输入"T",回车。

命令行中出现"指定对象与圆的第一个切点:"指定 $R15$ 圆上的某个点为第 1 个切点。

命令行中出现"指定对象与圆的第二个切点:"指定 $R50$ 圆上的某个点为第 2 个切点。

命令行中出现"指定圆的半径<10.0000>:"输入"12",回车,如图 2-52 所示。

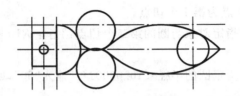

图 2-52　画出连接线段

（5）修剪　调用"修剪"命令，将多余线段修剪，如图 2-53 所示。

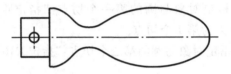

图 2-53　修剪后的手柄

2.6.2　绘制垫板

1. 任务要求

绘制如图 2-54 所示的垫板，要求：用 A4 图纸、不留装订边，横向放置；利用"多边形"、"矩形"、"椭圆"、"移动"等命令，按照国家标准的有关规定绘制，无须标注尺寸。

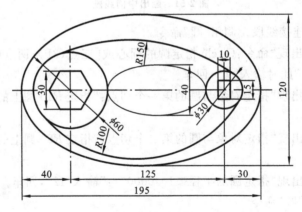

图 2-54　垫板样例

2. 相关知识

1）矩形命令

（1）功能。

矩形是工程图样中常见的元素之一，矩形可通过定义两个对角点来绘制，同时可以设定其宽度、圆角和倒角等。

（2）调用命令的方法。

① 绘图工具栏　单击 ▭ 。

② 命令　输入 Rectang(缩写名:rec),回车。

③ 菜单　选择"绘图"→"矩形"命令。

(3) 操作步骤。

命令:Rectang。

指定第一个角点或[倒角(C)/标高(E)/圆角(F)/厚度(T)/宽度(W)]:给出矩形对角线的第1个端点。

指定另一个角点或[面积(A)/尺寸(D)/旋转(R)]:给出矩形对角线的第2个端点。

(4) 命令行中有关说明及提示。

① 第一个角点　通过指定两个角点确定矩形,如图 2-55(a)所示。

② 倒角(C)　指定倒角距离,绘制带倒角的矩形,每一个角点的逆时针和顺时针方向的倒角可以相同,也可以不同,其中第一个倒角距离是指角点逆时针方向倒角距离,第二个倒角距离是指角点顺时针方向倒角距离,如图 2-55(b)所示。

③ 标高(E)　指定矩形标高(Z 坐标值),即把矩形画在标高为 Z,与 XOY 坐标面平行的平面上,并作为后续矩形的标高值。

④ 圆角(F)　指定圆角半径,绘制带圆角的矩形,如图 2-55(c)所示。

⑤ 厚度(T)　指定矩形的厚度。

⑥ 宽度(W)　指定线宽,如图 2-55(d)所示。

⑦ 尺寸(D)　使用长和宽创建矩形。第2个指定点将矩形定位在与第一角点相关的四个位置之一内。

⑧ 面积(A)　指定面积和长(或宽)创建矩形。

⑨ 旋转(R)　旋转所绘制的矩形的角度。指定旋转角度后,系统按指定角度创建矩形。

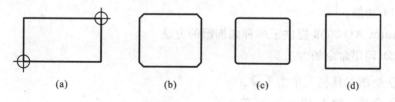

图 2-55　矩形图例

2) 正多边形命令

(1) 功能。

正多边形是指由三条以上(包括三条)各边长相等的线段构成的封闭实体。正多边形是绘图中经常用到的一种简单图形。在 AutoCAD 2008 中,用户可以利用此命令方便地绘出所需的正多边形,其边长范围为3~1 024。

（2）调用命令的方法。

① 工具栏　单击 。

② 命令　输入 Polygon，回车。

③ 菜单　选择"绘图"→"正多边形"命令。

（3）操作步骤。

命令：Polygon。

输入边的数目＜4＞：指定多边形的边数，默认值为4。

指定正多边形的中心点或［边(E)］：指定中心点。

输入选项［内接于圆(I)/外切于圆(C)］＜I＞：指定是内接于圆或外切于圆。I 表示内接，C 表示外切，如图 2-55 所示。

指定圆的半径：指定外接圆或内切圆的半径。

（4）命令行中有关说明及提示。

如果选择"边"选项，则只要指定多边形的一条边，系统就会按逆时针方向创建该正多边形。

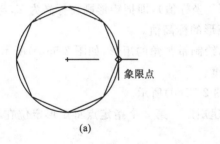
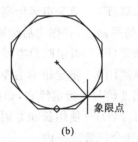

(a)　　　　　　　　　　　　　　(b)

图 2-56　正多边形与圆的关系

(a)内接于圆的正六边形　(b)外切于圆的正六边形

3) 椭圆命令

（1）功能。

AutoCAD 2008 提供了两种画椭圆的方法。

（2）调用命令的方法。

① 绘图工具栏　单击 ⬭。

② 命令　输入 Ellipse，回车。

③ 菜单　选择"绘图"→"椭圆"命令。

（3）操作步骤。

命令：Ellipse。

指定椭圆的轴端点或［圆弧(A)/中心点(C)］：给定椭圆的一个轴端点。

指定轴的另一个端点：指定椭圆长轴或短轴的一个端点。

指定另一条半轴长度或［旋转(R)］：指定椭圆另一条轴的端点。

绘制的椭圆如图 2-57 所示。

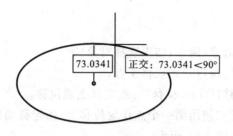

图 2-57 绘制椭圆

(4) 命令行中有关说明及提示。

① 中心点(C) 用指定的中心点创建椭圆。

② 端点 定义第一条轴的起点。

③ 旋转(R) 通过绕第一条轴旋转定义椭圆的长轴与短轴的比例。

4) 椭圆弧命令

(1) 功能。

AutoCAD 2008 提供了两种画椭圆弧的方法。

(2) 调用命令的方法。

① 绘图工具栏 单击 。

② 命令 输入 Ellipse,再选择"圆弧(A)"选项,回车。

③ 菜单 选择"绘图"→"椭圆弧"命令。

(3) 操作步骤。

命令:Ellipse。

指定椭圆的轴端点或[圆弧(A)/中心点(C)]:输入 a,利用圆弧选项。

指定椭圆弧的轴端点或[中心点(C)]:椭圆长轴或短轴的第 1 端点。

指定轴的另一个端点:指定椭圆长轴或短轴的长轴第 2 端点。

指定另一条半轴长度或[旋转(R)]:指定椭圆另一条轴的长度。

指定起始角度或[参数(P)]:指定起始角度。

指定终止角度或[参数(P)/包含角度(I)]:指定终止角度。

5) 移动命令

(1) 功能。

移动命令的功能是将选定的对象从一位置移到另一个位置。

(2) 调用命令的方法。

① 绘图工具栏 单击 。

② 命令 Move,回车。

③ 菜单 选择"修改"→"移动"命令。

④ 快捷菜单 选择要复制的对象,在绘图区域右击鼠标,从打开的快捷菜单

上选择"移动"。

（3）操作步骤。

命令：Move。

选择对象：选择对象；回车，结束选择对象。

指定基点或位移：指定基点或移至点。

指定基点或[位移(D)]＜位移＞：指定基点或位移。

指定第二个点或＜使用第一个点作为位移＞：指定移动后所在的新位置。

移动操作示例如图 2-58 所示。

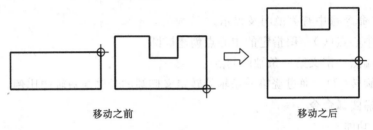

移动之前　　　　　　　　　　移动之后

图 2-58　移动操作示例

3. 任务实施

绘制垫板步骤如下。

步骤 1　设置图形界限。

单击菜单"格式"→"单位"，设置长度单位为小数点后 2 位，角度单位为小数点后 1 位；单击菜单"格式"→"图形界限"，根据图形尺寸，将图形界限设置为 210 mm×297 mm。

单击状态栏中的"栅格"，按钮凹下，栅格打开，显示图形界限。

步骤 2　创建图层。

打开图层管理器，创建各个图层的特性，如表 2-7 所示。

表 2-7　图层的特性

层　名	颜　色	线　型	线宽/mm	功　　能
点画线	红色	Center	0.25	画中心线
虚线	黄色	Hidden	0.25	画虚线
细实线	蓝色	Continuous	0.25	画细实线及尺寸、文字
剖面线	绿色	Continuous	0.25	画剖面线
粗实线	白(黑)色	Continuous	0.25	画轮廓线及边框

步骤 3　设置对象捕捉。

右击状态栏上的"对象捕捉"→"设置"，设置捕捉模式：端点、交点、中点、圆心。为提高绘图速度，用时最好同时打开"对象捕捉"、"对象追踪"、"极轴"。

步骤 4 绘制垫板。

（1）画基线 在图层下拉框中，选择"点画线"图层。利用"偏移"命令，画出基准线，并根据各个封闭图形的定位尺寸画出定位线，如图 2-59 所示。

（2）画出已知线段 在图层下拉框中，选择"粗实线"图层。

利用"圆"命令，绘制直径为 60、30 的圆。

调用"正多边形"命令。

命令行中出现"Polygon，输入边的数目<4>："输入 6，回车。

指定正多边形的中心点或[边(E)]：指定直径为 60 的圆的圆心。

选项"[内接于圆(I)/外切于圆(C)]<I>："输入 C，回车。

指定圆的半径：输入 15，回车，完成正六边形绘制。

调用"椭圆"命令。

命令行中出现"命令：Ellipse，指定椭圆的轴端点或[圆弧(A)/中心点(C)]："指定最左边垂直点画线与水平点画线的交点为第 1 点。

指定轴的另一个端点：指定最右边垂直点画线与水平点画线的交点为第 2 点。

指定另一条半轴长度或[旋转(R)]：60，回车，完成椭圆周绘制。

画出已知线段如图 2-60 所示。

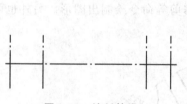

图 2-59 绘制基线

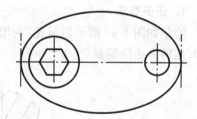

图 2-60 画出已知线段

（3）画出中间线段 在图层下拉框中，选择"虚线"图层。

利用"椭圆"命令，绘制一轴长 40，另一轴两端与直径为 60、30 的圆相交的椭圆，如图 2-61 所示。

（4）画连接线段 在图层下拉框中，选择"粗实线"图层。

调用"圆"命令，绘制半径为 150、100 的圆，利用"修剪"命令完成圆弧 R150 和 R100，如图 2-62 所示。

（5）画矩形，完成图形 调用"矩形"命令。

命令行中出现"Rectang，指定第 1 个角点或[倒角(C)/标高(E)/圆角(F)/厚度(T)/宽度(W)]："在图形外指定一点。

指定另一个角点或[面积(A)/尺寸(D)/旋转(R)]：输入"10，15"，回车。

利用"直线"命令，在矩形内画对角线，如图 2-63 所示。

利用"移动"命令，以矩形对角线中点为基点移动至直径为 30 的圆的圆心，完成移动。删除多余线,完成图形,如图 2-64 所示。

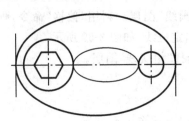

图 2-61　画出中间线段

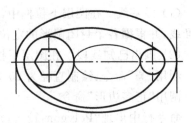

图 2-62　画出连接线段

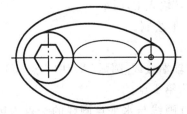

图 2-63　画出矩形

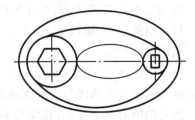

图 2-64　整理后的垫板

2.6.3　绘制棘轮

1. 任务要求

绘制如图 2-65 所示的棘轮,利用阵列、修剪等命令绘制出图形。另外也可以用其他的方法绘制棘轮。

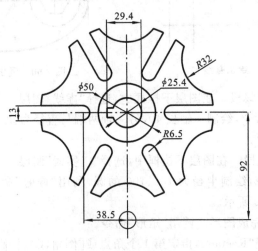

图 2-65　棘轮样例

2. 相关知识

1) 点的样式

（1）功能。

设置点的各种样式。

（2）调用命令的方法。

菜单：选择"格式"→"点样式"命令。

（3）操作步骤。

单击"格式"→"点样式"，弹出如图 2-66 所示的对话框。

（4）对话框中有关说明及提示。

点大小的选择可以在文本框中输入数值，数值越大点越大，反之越小。

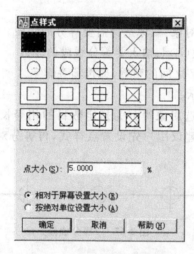

图 2-66 "点样式"对话框

2）点命令

（1）功能。

点命令的功能为创建点。

（2）调用命令的方法。

① 绘图工具栏 单击 。

② 命令 输入 Point，回车。

③ 菜单 选择"绘图"→"点"→"单点"（或多点）命令。

（3）操作步骤。

命令：Point。

当前点模式：PDMODE＝0，PDSIZE＝0.0000。

命令：Rectang。

指定点：用鼠标指定点所在的位置。

（4）有关说明及提示。

在 AutoCAD 2008 中，"单点"命令可以在绘图窗口中一次指定一个点；"多点"命令可以在绘图窗口一次指定多个点，直到按"Esc"键结束。

点的表现形式不同,其样式在 2-66 所示的对话框中设置即可。

3）定数等分对象

（1）功能。

将选中的对象用节点按一定的数量等分或在等分点处插入图块。

（2）调用命令的方法。

菜单:选择"绘图"→"点"→"定数等分"命令。

（3）操作步骤。

命令:Divide。

选择要定数等分的对象:鼠标选择需要等分的线段。

输入线段数目或[块(B)]:输入要等分线段的段数。

需要输入 2～32 767 之间的整数,或选项关键字。

（4）有关说明及提示。

定数等分可以将所选对象等分为指定数目的相等长度,但并不是将对象实际等分为单独的对象。建议用户先设置点样式,再等分对象。图 2-67 所示为对线段进行 4 等分。

图 2-67　4 等分线段

4）定距等分对象

（1）功能。

将选中的对象用节点按一定的距离等分或在等分点处插入图块。

（2）调用命令的方法。

菜单:选择"绘图"→"点"→"定距等分"命令。

（3）操作步骤。

命令:Measure。

选择要定距等分的对象:鼠标选择需要等分的线段。

指定线段长度或[块(B)]:输入等分线段的线段长度值。

（4）有关说明及提示。

定距等分实际上是提供了一个测量图形的长度,并按照指定距离标上标记,直到余下的部分不够一个指定距离为止。如图 2-68 所示的即为距离为 10 mm 的等分,最后余下的部分不足指定距离。

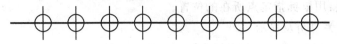

图 2-68　以 10 mm 定距等分线

5) 阵列

（1）功能。

在绘制图形的过程中,有时需要绘制形状完全相同,成矩形或环形排列的一系列图形实体。这时可以只绘制一个,然后使用阵列命令进行矩形或环形复制。

对选定的对象进行矩形或环形排列的多个复制。对于环形阵列,对象可以旋转,也可以不旋转。而对于矩形阵列,可以倾斜一定的角度。

（2）调用命令的方法。

① 修改工具栏　单击 🔲🔲 。

② 命令　Array,回车。

③ 菜单　选择"修改"→"阵列"命令。

（3）操作步骤。

调用以上任何命令,都会弹出如图 2-69 所示的"阵列"对话框。阵列分为矩形阵列和环形阵列两种。

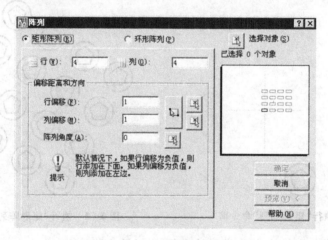

图 2-69　"阵列"对话框

① 矩形阵列　在图 2-69 所示的对话框中选择"矩形阵列"单选按钮→单击"选择对象"按钮→"阵列"对话框消息,此时选择要阵列的对象,回车,表示选择对象结束,图 2-69 所示的对话框重新出现,设置"行"、"列"、"列偏移"、"行偏移"、"阵列角度"参数,如图 2-70 所示,单击确定,即可阵列多个对象,如图 2-71、图 2-72 所示。

② 环形阵列　在图 2-73 所示的对话框中选择"环形阵列"单选按钮→单击"选择对象"按钮→"阵列"对话框消息,此时选择要阵列的对象,回车,表示选择对象结束,图 2-73 所示的对话框重新出现,设置"中心点"、"项目总数"、"填充角度"等参数,设置完毕如图 2-74 所示,单击确定,即可阵列多个对象,如图 2-75、图2-76 所示。

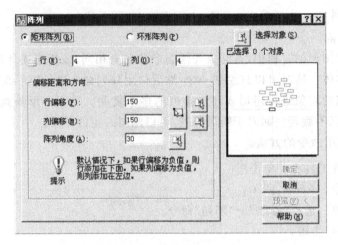

图 2-70 "矩形阵列"对话框设置

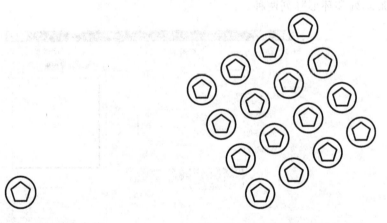

图 2-71 执行"矩形阵列"命令前   图 2-72 执行"矩形阵列"命令后

注意：填充角度时，规定顺时针为负、逆时针为正。

6）缩放

（1）功能。

缩放功能是将选定对象按指定中心点进行比例缩放，有两种缩放方式。

① 选择缩放对象的基点，然后输入缩放比例因子。

② 输入一个数值或拾取两点来指定一个参考长度，然后再输入新的数值或拾取另外一点，则 AutoCAD 2008 计算两个数值之比并以此作为缩放比例因子。

（2）调用命令的方法。

① 修改工具栏：单击 □ 按钮。

② 命令：Scale，回车。

③ 菜单：选择"修改"→"缩放"命令。

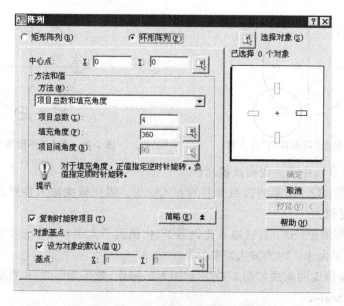

图 2-73　"环形阵列"对话框设置

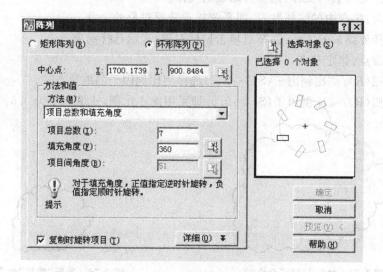

图 2-74　"环形阵列"对话框设置

（3）操作步骤。

命令：Scale。

选择要缩放的实体：选择要缩放的实体；回车或单击鼠标右键，表示选择结束。

基准点：指定基点。

参照(R)/＜比例因子(S)＞：选择缩放的方式。

图 2-75　执行"环形阵列"命令前

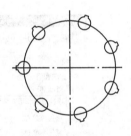

图 2-76　执行"环形阵列"命令后

（4）命令行中有关说明及提示。

① 参照（R）　对象将按照参照的方式缩放。需要依次输入参照的长度的值和新的长度值。

② 比例因子(S)　直接输入比例因子(比例因子大于 0 而小于 1 时为缩小对象,比例因子大于 1 时为放大对象)。

下面举例说明缩放如图 2-77 所示图形的操作,效果如图 2-78 所示。

命令:Scale。

选择要缩放的实体:选择要缩放的实体。

对角:集合中的实体数:7,即系统提示选择对象的个数。

选择要缩放的实体:回车或单击鼠标右键,表示选择结束。

基准点:指定基点。

参照(R)/＜比例因子(S)＞:S,即选择用比例因子的缩放方式。

参照(R)/＜比例因子(S)＞:0.5,即采用缩小比例,比例因子为 0.5。

图 2-77　执行"缩放"命令前

图 2-78　执行"缩放"命令后

7）拉伸

（1）功能。

在绘制图形的过程中,有时需要对某个图形实体在某个方向上的尺寸进行修改,但不影响相邻部分的形状和尺寸,例如阶梯轴中间段需要加长,这时可以使用拉伸命令。

拉伸命令的功能:将图形中位于移动窗口(选择对象最后一次使用的交叉窗)内的实体或端点移动,与其相连接的实体如直线、圆弧和多义线等将受到拉伸或压缩，以保持与图形中未移动部分相连接。

（2）调用命令的方法。

① 修改工具栏　单击 。

② 命令　Stretch，回车。

③ 菜单　选择"修改"→"拉伸"命令。

（3）操作步骤。

命令：Stretch。

以交叉窗口或交叉多边形选择要拉伸的对象……

选择对象：指定角点：找到 5 个，用交叉选择要拉伸的对象，系统提示有 5 个对象。

选择对象：回车或单击鼠标右键，表示结束。

指定基点或位移[（D）]：指定要拉伸的基点。

指定第二点或<使用第一个点作为位移>：输入第 2 个点。

3. 任务实施

利用"阵列"命令绘制棘轮步骤如下。

步骤 1　设置图形界限。

步骤 2　创建图层。

步骤 3　设置对象捕捉。

步骤 4　画图。

（1）将中心线设置为当前层，绘制中心线。

（2）将粗实线设置为当前层，绘制三个定位圆，如图 2-79 所示。

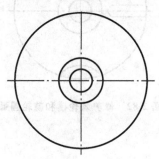

图 2-79　绘制的三个定位圆

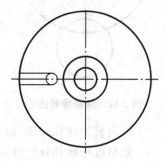

图 2-80　绘制的棘轮槽

（3）绘制棘轮。

设置"对象捕捉"、"象限点"、"交点"功能。绘制 $R6.5$ 的圆，如图 2-80 所示。命令如下所述。

命令：Circle 指定圆的圆心或[三点（3P）/两点（2P）/相切、相切、半径（T）]：t

指定临时对象追踪点：选取中心线交点。

指定圆的圆心或[三点(3P)/两点(2P)/相切、相切、半径(T)]:38.5,即向左偏移找圆心。

指定圆的半径或[直径(D)]<75.0000>:6.5,即输入半径值。

命令:Line

指定第一点:指定 R6.5 的圆的象限点。

指定下一点或[放弃(U)]:选取与 R75 的圆的交点。

重复绘制第二条水平线。

(4) 绘制棘轮圆弧。

设置"对象捕捉"、"象限点"、"交点"功能。绘制 R32 的圆,如图 2-81 所示。绘图命令如下所述。

命令:Circle 指定圆的圆心或[三点(3P)/两点(2P)/相切、相切、半径 m]:t。

指定临时对象追踪点:选取中心线交点。

指定圆的圆心或[三点(3P)/两点(2P)/相切、相切、半径(T)]:92,即向正下方偏移找圆心。

指定圆的半径或[直径(D)]<6.5000>:32,即输入半径。

(5) 修剪棘轮槽和棘轮圆弧,如图 2-82 所示。

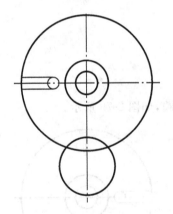

图 2-81　绘制棘轮圆弧

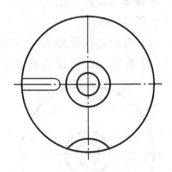

图 2-82　修剪棘轮槽和棘轮圆弧

(6) 阵列棘轮槽和圆弧,如图 2-83 所示。

(7) 修剪棘轮槽和棘轮圆弧,如图 2-84 所示。

(8) 绘制键槽,如图 2-85 所示。

(9) 绘制多段线。

激活修改多段线命令,将棘轮槽和圆弧的轮廓连接成一条线。

单击"修改"→"对象"→"多段线",如图 2-86 所示。命令行中显示的内容如下。

命令:Pedit。

选择多段线或[多条(M)]:选取圆弧,选择的对象不是多段线。

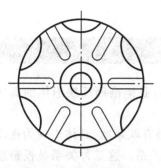

图 2-83　阵列后的棘轮和棘轮圆弧

图 2-84　修剪后的棘轮

图 2-85　绘制键槽

图 2-86　下拉菜单多段线选项

是否将直线和圆弧转换为多段线？［是(Y)/否(N)］?：Y。

输入选项［闭合(C)/打开(O)/合并(J)/宽度(W)/拟合(F)/样条曲线(S)/非曲线化(D)/线型生成(L)/弃(U)］:J,即选取"合并"选项。

选择对象:All,即选取全部对象,找到 24 个。

选择对象:回车。

注意:图 2-85 中,键槽为细实线。修改方法:选中这些线,单击"图层"工具栏中下拉框,选择"粗实线"层,如图 2-87 所示,实现细实线为粗实线的转变。完成棘轮绘制,如图 2-88 所示。

图 2-87　"图层"工具栏

图 2-88　修改后的棘轮

本例还可利用点等分，读者自行绘制。

本 章 小 结

（1）机械制图主要采用"正投影法"，它的优点是能准确反映形体的真实形状，便于度量，能满足生产上的要求。

（2）三个视图都是表示同一形体，它们之间是有联系的，具体表现为视图之间的位置关系，尺寸之间的"三等"关系以及方位关系。这三种关系是投影理论的基础，必须熟练掌握。

（3）画三视图时要注意，除了整体保持"三等"关系外，每一局部也保持"三等"关系，其中特别要注意的是俯、左视图的对应，在度量宽相等时，度量基准必须一致，度量方向必须一致。

（4）主要介绍了 AutoCAD 2008 的基本绘图命令和常用修改命令，使读者能够运用 AutoCAD 2008 绘制简单平面图形。

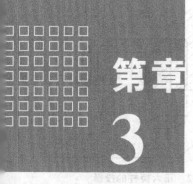

第章
3

立体的投影

本章提要

　　本章主要介绍平面立体和曲面立体的投影特性及在表面上取点和线的方法;截交线的性质及求截交线的方法;曲面立体相贯线的画法。

3.1　基本几何体的投影

　　不论机器上的零件形状多么复杂,都可以看做是由基本立体按照不同的方式组合而成的。基本立体由其表面(平面和曲面)围成。按表面性质,可以分为平面立体和曲面立体(最常见的是回转体)两类。

3.1.1　平面立体的投影

　　表面由平面多边形围成的基本体称为平面立体。构成平面体的所有表面投影的总和称为平面体的投影。绘制平面立体的投影,只要找出属于平面立体上的各棱面、棱线和顶点的投影,并判别其可见性,把可见棱线的投影画成粗实线,不可见棱线的投影画成虚线,就能绘制出投影图。实质就是绘制出平面图形、直线和点的投影。

　　平面立体可分为棱柱体和棱锥体。本节将介绍棱柱、棱锥的投影及其表面取点和线的作图方法。

1. 棱柱

　　棱柱由两个底面和三个以上侧棱面围成。上、下底面是两个互相平行且全等的多边形。棱柱中除两个底面以外的其余各个面称为棱柱的侧面(侧棱面),侧棱面为矩形或平行四边形。各侧棱面的交线称为侧棱线,侧棱线互相平行,且侧棱线与底面垂直的棱柱称为直棱柱,如图 3-1 所示,本节只讨论直棱柱的投影。

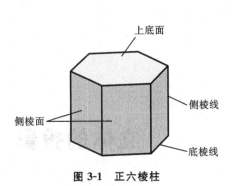

图 3-1　正六棱柱

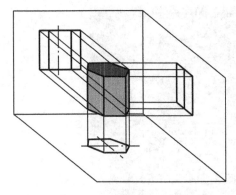

图 3-2　正六棱柱的投影

1) 棱柱的投影分析

图 3-2 所示为一正放（立体的表面、对称平面、回转轴线相对于投影面处于平行或垂直的位置）的正六棱柱直观图及投影图。正六棱柱由顶面、底面和六个侧棱面围成。顶面、底面分别由六条底棱线围成（正六边形）；每个侧棱面又由两条侧棱线和两条低棱线围成的（矩形）。

（1）顶面、底面　正六棱柱的顶面、底面均为水平面，其水平投影为顶面、底面互相重合的实际图形；正面投影和侧面投影均积聚为平行于相应投影轴的直线。

（2）六个侧棱面　正六棱柱的前后两个棱面为正平面，其正面投影为重合的实际图形；水平投影和侧面投影都积聚成平行于相应轴的直线。其余四个侧棱面都为铅垂面，其水平投影分别积聚成倾斜直线；正面投影和侧面投影均为类似形（矩形），且两侧棱面投影对应重合。由于六个侧棱面的水平投影均有积聚性，故与顶面、底面棱线的水平投影重合。

（3）棱线　顶、底面各有六条底棱线，其总前、后两条为侧垂线，四条为水平线；而六条侧棱线均为铅垂线。

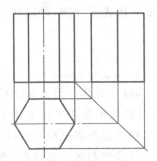

图 3-3　正六棱柱的三视图

正六棱柱的三面投影如图 3-3 所示。

2) 作图步骤

步骤 1　一般先画出对称中心线，对称线。

步骤 2　画出反应实际形状的投影图，如：画出棱柱水平投影（如正六边形）。

步骤 3　根据投影规律画出其他两个投影，如：根据投影关系画出它的正面投影和侧面投影。

步骤 4　检查各投影图是否符合点、直线、平面的投影规律，擦去不必要的作图线,加粗需要的各条线,使其符合国家制图标准。

注意:当棱线投影与对称线重合时应画粗实线。

3) 棱柱表面上取点

在平面立体表面上取点,其原理和方法与在平面上取点相同,由于正放棱柱的各个表面都处于特殊位置,因此,在其表面上取点均可利用平面投影积聚性作图,但应注意点的可见性判别。

例 3-1　已知正六棱柱的 $abcd$ 棱面上的点 k 的正面投影 k'。求:作出它的水平投影 k 和侧面投影 k''。

分析　由于 $abcd$ 为铅垂面,其水平投影积聚为一条直线 $a(b)d(c)$,故点 k 的水平投影 k 一定在这条直线上,然后由 k' 和点 k 利用"长对正、高平齐、宽相等"的三等关系求出点 k'' 的位置。

解　具体作图步骤如图 3-4 所示。

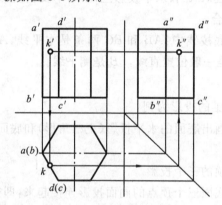

图 3-4　正六棱柱的表面取点

2. 棱锥

棱锥是由一个底面和多个(至少三个)侧棱面围成,各侧棱线交于一点(锥顶)。

以正放的正三棱锥为例。如图 3-5 所示,正三棱锥由底面和三个侧棱面围成,底面又由三条棱线围成(正三角形),三个侧棱面由三条侧棱线和三条底棱线围成(三个全等的等腰三角形)。

1) 棱锥的投影分析

(1) 正三棱锥的底面△ABC 为水平面,其水平投影△abc 反映真实形状,正面投影和侧面投影均积聚为平行于相应投影轴的直线 $a'b'c'$ 和 $a''(c'')b''$。

(2) 三个侧棱面中的左右两个侧棱面△SAB 和△SBC 为一般位置平面,其三面投影均不反映实形,且侧面投影重合。

(3) 三个侧棱面△SAB、△SBC、△SCA 的水平投影△sab、△sbc、△sca 与底面△ABC 的水平投影△abc 重合。

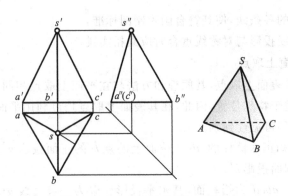

图 3-5　正三棱锥的直观图及投影

（4）后侧棱面 $\triangle SAC$ 为侧垂面（因含侧垂线 AC），其侧面投影积聚成斜向直线 $s''a''(c'')$，正面投影 $\triangle s'a'c'$ 和水平投影 $\triangle sac$ 均不反映实形，且正面投影 $\triangle s'a'c'$ 与 $\triangle s'a'b'$、$\triangle s'b'c'$ 重合。

（5）底面的三条底棱线中：AB 和 BC 两条是水平线，AC 是侧垂线；而三条侧棱线中 SA 和 SC 是一般位置直线，SB 是侧平线。

2）作图步骤

以正放的正三棱锥的投影为例。

步骤 1　一般先画出底面的水平投影（正三角形）和底面的另两个投影（均积聚为直线）。

步骤 2　画出锥顶的三个投影。

步骤 3　锥顶和底面三个顶点的同面投影连接起来，即得正三棱锥的三面投影。

也可先画出三棱锥（底面和三个侧棱面）的一个投影（如水平投影），再依照投影关系画出另两个投影。

3）棱锥表面上取点

在棱锥表面上取点，其原理和方法与在平面上取点相同。如果点在立体的特殊平面上，则可利用该平面投影有积聚性作图；如果点在立体的一般位置平面上，则可利用辅助线作图，并表明可见性。

例 3-2　已知图 3-6 所示的正三棱锥的 SAC 棱面上的点 E 的正面投影 e'。求：作出它的水平投影 e 和侧面投影 e''。

分析　由于组成棱锥的表面有特殊位置平面，也有一般位置平面。特殊位置平面上的点可以利用平面积聚性作图；一般位置平面上的点的投影不能直接判断，需要利用"在平面上的点，必然在平面上且通过该点的一条直线上"这一原理，做出合适的辅助线来作图求出。

解　由于点 E 在一般位置平面 $\triangle SAC$ 上，欲求点 E 的另两个投影 e、e''，必

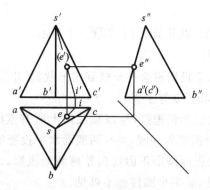

图 3-6 三棱锥表面求点

须利用辅助线作图,具体有以下三种方法。

方法 1 过点 e' 和锥顶 s' 作辅助直线 $s'e'$,并延长与底面相交于 i' 点,则其正面投影 e' 必通过 $s'i'$。利用"高平齐"及侧棱面△SAC 的侧面投影积聚为直线 $s''a''(c'')$,画出点 E 的侧面投影 e''。由于 I 在水平面 ABC 上,求出辅助线 SI 的水平投影 si,并利用"宽相等"原则确定其水平投影 e。具体作图步骤如图 3-6 所示。

方法 2 在正面投影 $s'a'c'$ 过点 e' 作底棱 $a'c'$ 的平行线,则该平行线一定通过 e',求出该平行线的水平投影和侧面投影,通过投影规律求出 e''(为使图形清晰,图中未示出)。

方法 3 也可过欲求点在该点所在的棱面上作任意直线,先求出该辅助直线的投影,再求出点的投影(为使图形清晰,图中未示出)。

注意:应仔细判断点在各个方向投影的可见性。

3.1.2 曲面立体的投影

工程上常见的曲面立体是回转体。回转体是由回转面或回转面与平面所围成的立体。回转面是由母线(直线或曲线)绕某一轴线旋转而形成的,这一轴线称为回转轴;母线的任一位置称为素线,母线上各点的运动轨迹都是垂直于轴线的圆,称为纬线或纬圆。根据这一性质,可在回转面上作素线取点、线的方法称为素线法;可在回转面上作纬线取点、线的方法称为纬线(纬圆、回转圆)法。

最常见的回转体有圆柱、圆锥、圆台、圆球、圆环等。

画回转体的投影图时,一般应画出各方向转向轮廓的一个投影(其中与旋转轴线的投影、对称中心线重合的两个投影,被省略不画)和回转线的三个投影(其中两个投影为直线,一个投影积聚成点,用对称中心线表示。根据机械制图规定,表示轴线、对称中心线均用细点画线表示,且要超出图形的轮廓线 3～5 mm)。转向轮廓线是指在某一投影方向上观察曲面立体(如回转体)时可见与不可见部分的分界线。

1. 圆柱

以圆柱轴线处于铅垂线位置为例,如图 3-7 所示。

1）圆柱的投影分析

（1）上下底面的水平投影重合并反映真实形状,其正面及侧面投影积聚为两条平行投影轴的直线,其长度等于直径。

（2）圆柱面因其轴线为铅垂线,所以圆柱面上所有素线必为铅垂线,圆柱面为铅垂面。其水平投影积聚为一圆,并与两底面水平投影的圆周重合。

（3）圆柱面正面投影应画出正面转向轮廓线的投影,即最左、最右的素线投影。前半个圆柱面可见,后半个圆柱面不可见。

（4）圆柱面侧面投影应画出侧面转向轮廓线的投影,即最前、最后的素线投影。左半个圆柱面可见,右半个圆柱面不可见。

特点:当圆柱的轴线垂直某一个投影面时,必有一个投影为圆形,另外两个投影为两个相等的矩形,如图 3-8 所示。

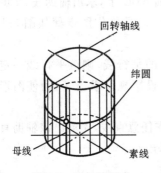

图 3-7　圆柱的形成

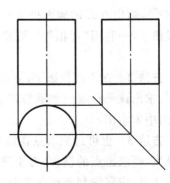

图 3-8　圆柱的投影

2）作图步骤

步骤 1　画出轴线和对称中心线,均用细点画线表示。

步骤 2　画出圆柱面有积聚性的投影（为圆）。

步骤 3　再根据投影关系画出圆柱的另外两个投影（为同样大小的矩形）,标明转向轮廓线的投影。

3）圆柱表面上取点

轴线处于特殊位置的圆柱,其圆柱在轴线所垂直的投影面上的投影有积聚性,其顶、底圆平面的另两个投影有积聚性。因此,在圆柱表面上取点、线,均可由积聚性作图。对于圆柱表面上的点（如轮廓线上点）,其投影均可直接作出,并标明可见性。

例 3-3　已知如图 3-9 所示圆柱的点 E、点 F 的正面投影 e' 可见,f' 不可见。求:作出它们的水平投影 e、f 和侧面投影 e''、f''。

解　由于 e' 是可见的,所以点 E 在前半个圆柱面上。利用圆柱面有积聚性

114

的投影,作图可先求出点 E 的水平投影 e。又因 E 点在右半个圆柱面上,所以 e'' 必为不可见的,再由 e' 和 e 求出侧面投影 e''。

由于 f' 是不可见的,所以点 F 在后半个圆柱面上。利用圆柱面有积聚性的投影,作图可先求出点 F 的水平投影 f。又因点 F 在左半个圆柱面上,所以 f'' 必为可见的,再由 f' 和 f 求出侧面投影 f''。

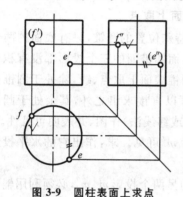

图 3-9 圆柱表面上求点

图 3-10 圆锥的形成

2. 圆锥

圆锥是由圆锥面和底圆平面围成的。圆锥面可以看做是一条直母线绕与它相交的轴线回转而形成。在圆锥面上任一位置的素线均交于锥顶 S,如图 3-10 所示为轴线处于铅垂线位置时的圆锥直观图。

1) 圆锥的投影分析

(1) 底圆平面为水平面,其水平投影为圆,且反映底圆平面的真实形状。底圆平面的正面投影和侧面投影均积聚为直线,且等于底圆的直径。

(2) 圆锥面的三个投影均无积聚性。圆锥面的水平投影为圆,且与圆锥底圆平面的水平投影重合,整个圆锥面的水平投影都可见。

(3) 圆锥面的正面投影是圆锥面正视转向轮廓线的正面投影。圆锥面上最左、最右两条素线 SA、SB 的正面投影 $s'a'$、$s'b'$,并且是前半个圆锥面可见和后半个圆锥面不可见的分界线,它们还表示了圆锥面的正面投影范围。而这两条正视转向轮廓线 SA、SB 的水平投影 sa、sb 与圆锥水平投影(圆)的水平对称中心线重合,省略不画;其侧面投影 $s''a''$、$s''b''$ 与圆锥轴线的侧面投影重合,也省略不画。

(4) 圆锥面的侧面投影是圆锥面侧视转向轮廓线的侧面投影。圆锥面上最前、最后两条素线 SC、SD 的侧面投影 $s''c''$、$s''d''$,并且是左半个圆锥面可见和右半个圆锥面不可见的分界线,它们还表示了圆锥面的侧面投影范围。而这两条侧视转向轮廓线 SC、SD 的正面投影与圆锥轴线的正面投影重合,省略不画;其水平投影与圆锥水平投影(圆)的垂直对称中心线重合,也省略不画,如图 3-11 所示。

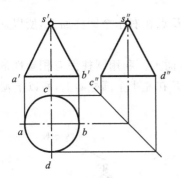

图 3-11　圆锥的投影

2）作图步骤

步骤 1　用细点画线画出轴线和对称中心。

步骤 2　画出圆锥反映为圆的投影。

步骤 3　画出圆锥的另两个投影（为同样大小的等腰三角形）。

3）圆锥表面上取点

轴线处于特殊位置的圆锥，只有底面的两个投影有积聚性，而圆锥面的三个投影都没有积聚性。因此，在圆锥表面上取点、线，除处于圆锥面转向轮廓线上特殊位置的点或底圆平面的点可以直接求出之外，其余处于圆锥表面上一般位置的点，则必须用辅助线（素线法或纬线法）作图，并表明可见性。

例 3-4　已知圆锥上的一点 M 的正面投影 m' 可见。求：作出它的水平投影 m 和侧面投影 m''。

解　由于点 M 在一般位置上，欲求点 M 的另两个投影 m、m''，必须利用辅助线作图，具体有以下两种方法。

方法 1　素线法。由于过锥顶的圆锥面上的任何素线均为直线，故可过 M 及锥顶 S 作锥面的素线 SN，即先过 m' 作 $s'n'$，由 n' 求出 n 和 n''，连接 sn 和 $s''n''$，分别为辅助线 SN 的水平投影和侧面投影。则 M 的水平投影和侧面投影必在 SN 的同面投影上，由于 m' 可见，则点 M 在前半圆锥面上，从而可求出 m。而 m 在左半锥面上，所以 m'' 为可见的，从而可求出 m''。具体方法如图 3-12 所示。

方法 2　纬圆法。过点 M 在圆锥面上作一水平辅助圆（纬圆），点 M 的投影在该纬圆的同面投影上，即先过 m' 作水平线，它是纬圆的正面投影，该水平线的长度即为该纬圆的直径，从而可画出圆心与 s 重合的该纬圆的水平投影；由 m' 作投影连线，与纬圆的水平投影（圆）交于点 m，再由 m' 和 m 求出 m''。具体方法如图 3-13 所示。

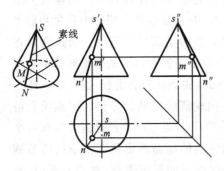

图 3-12　素线法圆锥表面取点

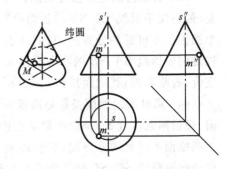

图 3-13　素线法圆锥表面取点

3. 圆球

如图 3-14 所示,圆球面可以看作由一圆为母线,绕通过其圆心且在同一平面的轴线(直径)回转而形成的曲面。

由于过球心(圆心)可作无数条轴线(直径),故任一平面与圆球的交线皆为一圆周。由于圆球面为光滑曲面,故图示圆球面只需画出回转轴线、对称中心及转向轮廓线即可。

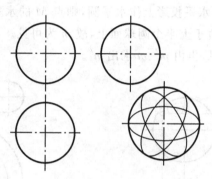

图 3-14 球的投影

1)圆球的投影分析

如图 3-14 所示为圆球直观图及其投影图。圆球的三面投影均为等直径的圆,它们的直径为球的直径。

(1)正面投影的圆是圆球正视转向轮廓线(过球心平行于正面的转向轮廓线,是前、后半球面的可见与不可见的分界线)的正面投影。而圆球正视转向轮廓线的水平投影与圆球水平投影的水平对称中心线重合;其侧面投影与圆球侧面投影的垂直对称中心重合,省略不画。

(2)水平投影的圆是圆球俯视转向轮廓线(过球心平行于水平面的转向轮廓线,是上、下半球面的可见与不可见的分界线)的水平投影。而圆球俯视转向轮廓线的正面投影和侧面投影均分别在其水平对称中心线上,都省略不画。

(3)侧面投影的圆是圆球侧视转向轮廓线(过球心平行于侧面的转向轮廓线,是左、右半球的可见与不可见的分界线)的侧面投影。而圆球侧视转向轮廓线的正面投影和水平投影均分别在其垂直对称中心线上,省略不画。

2)作图步骤

步骤 1 画出确定球心 O 的三个投影 o、o'、o'' 位置的三个对称中心线。

步骤 2 以球心 O 的三个投影 o、o'、o'' 为圆心,分别画出三个与圆球直径相等的圆。

3)圆球表面上取点

由于圆球的三个投影均无积聚性,所以在圆球表面上取点除属于转向轮廓上的特殊点可直接求出之外，其余处在一般位置的点，都需要作辅助线（纬线）作图，并表明可见性。

例 3-5 如图 3-15 所示，已知圆球表面上点 M 的正面投影 m' 可见。求：作出它的水平投影 m 和侧面投影 m''。

解 由于 m' 是可见的，且为前半个圆球面上的一般位置点，故可作纬圆（正平圆、水平圆或侧平圆）求解。如过 m' 作水平线（纬圆）与圆球正面投影（圆）交于 $1'$、$2'$，以 $1'2'$ 为直径在水平投影上作水平圆，则点 M 的水平投影 m 在该纬圆的水平投影上，因点 M 位于上半个圆球面上，故 m 为可见。又因为 M 在右半个圆球面上，故 m'' 为不可见，再由 m'、m 求出 m''。

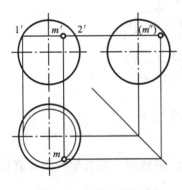

图 3-15　圆球表面取点

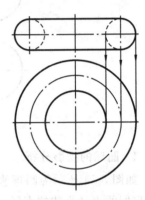

图 3-16　圆环的投影

4. 圆环

圆环可以看作是由一圆为母线，绕与其共面但不通过圆的轴线回转而形成。其中，外半圆回转形成外圆环面，内半圆回转形成内圆环面。如图 3-16 所示为轴线处于铅垂线位置时的圆环的投影图。

1) 圆环的投影分析

圆环的正面投影和侧面投影形状完全一样；水平投影是三个同心圆（其中有一细点画线圆）。

(1) 水平投影　三个同心圆。其中的细点画线圆是母线圆心轨迹的水平投影，也是内外环面上的上、下两个分界圆的水平投影重合；内外粗实线圆是圆环面上最小、最大纬线圆的水平投影，也是内、外圆环面俯视转向轮廓线（内外圆环的可见部分与不可见部分的分界线）的水平投影。

(2) 正面投影　两个小圆（一半粗实线，一半虚线）是外、内圆环面正视转向轮廓线上最左、最右两条素线的正面投影。其中，虚线半圆是内环面上正视转向轮廓线的正面投影，也是内环面上前半环面与后半环面的分界线的正面投影，前、后内环面的正面投影均不可见，故画成虚线。粗实线半圆是外环面上正视转

118

向轮廓线的正面投影,也是外环面上前半环面与后半环面,即可见和不可见的分界线的正面投影。

正面投影上、下两条与小圆相切的横向直线是圆环面上最高、最低两条纬线圆的正面投影的积聚;也是内、外环面上、下两个分界的正面投影的积聚。

(3) 侧面投影 两个小圆(一半粗实线、一半虚线)是外、内圆环面侧视转向轮廓线上最前、最后两条素线的侧面投影。其中,粗实线半圆是外环面上侧视转向轮廓线的侧面投影,也是外环面上左半环面与右半环面,即可见和不可见的分界线的侧面投影;虚线半圆是内环面上侧视转向轮廓线的侧面投影,也是内环面上左半环面与右半环面的分界线的侧面投影,左右内环面的侧面投影均不可见。

侧面投影上、下两条与小圆相切的横向的直线是圆环上最高、最低两条纬线圆的侧面投影,也是内外环同上、下两个分界的侧面投影的积聚。

2) 作图步骤

步骤 1 画出圆环面的回转轴线、对称中心线,均用细点画线表示。

步骤 2 画圆环的轴线所垂直的投影面上的投影(三个同心圆)。

步骤 3 然后画另两个形状相同的投影。

3) 圆环表面上取点

在圆环表面上取点,需用纬线(纬圆)作图求解。

例 3-6 如图 3-17 所示,已知圆环面上点 M、N 的正面投影 m'、(n'),其中 M 在前半圆环面的外环面上,N 在后半圆环面的内环面上。求:作出它的水平投影 m 和 n。

(1) 求 m。由于 M 在前半圆环面、外环面上,由于 m' 是可见的,故 m 为可见。先过点 M 作一平行于水平投影面的水平纬圆,该纬圆在正面投影上为过 m' 的直线 1,则它的水平投影为一个直径等于该纬圆直径的圆周,m 必在此圆周上,故由 m' 可求出 m。

(2) 求 n。由于 N 在后半圆环面、内环面上,(n') 不可见,先过点 N 作一平行于水平投影面的水平纬圆,该纬圆在正面投影上为过 (n') 的直线 2,则

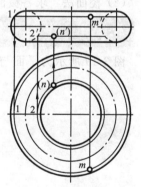

图 3-17 圆环表面取点

它的水平投影为一个直径等于该纬圆直径的圆周,(n) 必在此圆周上,故由 (n') 可求出 (n)。

除上述两类立体中,还有一些常见的立体,其投影如图 3-18 所示。

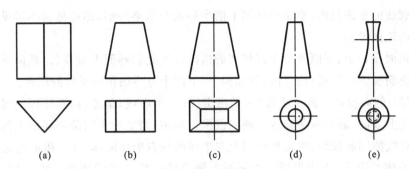

图 3-18　常见立体的投影
(a) 三棱柱　(b) 梯形柱　(c) 四棱台　(d) 圆锥台　(e) 内环台

3.2　基本体的截交线

用平面截切立体，其截平面与立体表面的交线称为截交线。截交线围成一个封闭的平面图形称为截断面。

截交线的性质：截交线是封闭的平面图形；截交线是截平面与立体表面的共有线。

根据截交线的性质，截交线的画法可归结为求作平面与立体表面的一系列共有点。因此，平面截切立体的截交线的求法有以下两种。

（1）棱线法　求各棱线与截平面的交点。

（2）棱面法　求各棱面与截平面的交线。

3.2.1　平面立体的截交线

图 3-19 所示为平面与平面立体相交，其截交线是一封闭的平面多边形。求

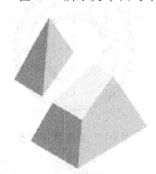

图 3-19　平面与平面立体相交

平面与平面立体的截交线，只要求出平面立体有关的棱线与截平面的交点，经判别可见性，然后依次连接各交点，即得所求的截交线；也可直接求出截平面与立体有关表面的交线，由各交线构成的封闭多边形即为所求的截交线。

当截平面为特殊位置时，它所垂直的投影面上的投影有积聚性。对于正放的棱柱，因各表面都处于特殊位置，故可利用面上取点法求画其截交线。对于棱锥，因含有一般位置平面，故可采用线面交点法求画截交线。

例 3-7　求正垂面 P 与正四棱锥的截交线（见图 3-20）。

分析　如图 3-20 所示截平面 P 为正垂面，它与正四棱锥的四个侧棱面都相

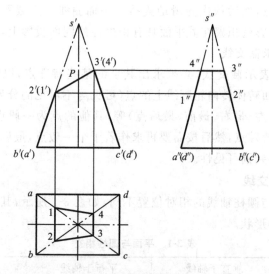

图 3-20　正四棱锥的截交线

交,故截交线围成一个四边形。

由于截平面 P 的正面投影有积聚性,所以四棱锥各侧棱线的正面投影 $s'(a')$、$s'b'$、$s'c'$、$s'(d')$ 与 P_V 的交点 $(1')$、$2'$、$3'$、$(4')$ 即为四边形四个顶点的正面投影,它们都在 P_V 上,然后依次连接各点的同面投影,即得截交线的投影。因此,问题归结为求一般位置直线与特殊位置平面的交点。

解　作图方法如下。

根据点的投影规律,在相应的棱线上求出属于截交线的交点,经判别可见性,然后依次连接各点的同面投影,便得正四棱锥被正垂面 P 截切后的投影。

(1)因截平面的正面投影具有积聚性,可直接求出截交线四边形各顶点的正面投影,并判别可见性,依次连接各顶点的同面投影,连线为 $(1')2'3'(4')$,如图 3-20 主视图所示。

(2)根据直线上点的投影特性,求出四边形各顶点的水平投影 1、2、3、4 和侧面投影 $1''$、$2''$、$3''$、$4''$,并判别可见性,依次连接各顶点的同面投影,如图 3-20 俯视图与左视图所示。

3.3.2　回转体的截交线

回转体的截交线通常是一条封闭的平面曲线,也可能是由截平面上的曲线和直线所围成的平面图形或多边形。截交线的形状与回转体的几何性质及其与截平面的相对位置有关。当截平面与回转体的轴线垂直时,任何回转体的截交线都是圆,这个圆就是纬圆。

平面与回转体相交时,截交线是截平面和回转体表面的共有线,截交线上的点也都是它们的共有点。因此,求截交线的过程可归结为求出截平面和回转体

机械制图及计算机绘图（上册）

表面的若干共有点,然后依次光滑地连接成平面曲线。当截平面为特殊位置平面时,截交线的投影就积聚在截平面具有积聚性的同面投影上,可利用回转体表面上取点的方法求截交线。

为了确切地表示截交线,必须求出其上的某些特殊点,以确定其形状和范围。特殊点包括回转体转向轮廓线上的点(可见与不可见的分界点)和极限位置点(最高、最低、最左、最右、最前、最后点)等,其他的点为一般点。求截交线时,通常先作出这些特殊点,然后按需要再求作若干个一般点,最后依次光滑连接各点的同面投影,并判别可见性。

1. 圆柱的截交线

根据截平面与圆柱轴线的相对位置不同,如表 3-1 所示,其截交线可以是矩形、圆和椭圆三种形状。

表 3-1　平面与圆柱相交

截平面位置	垂直于轴线	平行于轴线	倾斜于轴线
截交线形状	圆	矩形	椭圆
空间形状			
投影图			

还有一种情况是,当与圆柱轴线倾斜的截平面截到圆柱的上或下的底圆或上、下底圆均被截到时,截交线由一段椭圆与一段直线或两段椭圆与两段直线组成。

例 3-8　求圆柱被正垂面 P 截切后的投影,如图 3-21 所示。

分析　由于圆柱轴线垂直于水平面,截平面 P 为正垂面,且与圆柱轴线倾斜,故截交线为椭圆。截交线的正面投影积聚在截平面的正面投影上;截交线的水平投影积聚在圆柱面的水平投影(圆)上;截交线的侧面投影为椭圆,但不反映真形。由此可见,求此截交线主要是求其侧面投影。可用面上取点法或线面交点法直接求出截交线上点的正面投影和水平投影,再求其侧面投影后将各点连线即得(本例是用面上取点法)。特殊点对确定截交线的范围、趋势、判别可见性,以及准确地求作截交线有着重要的作用,作图时必须首先求出。

解　作图步骤如下。

122

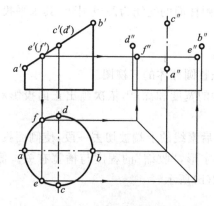

图 3-21 圆柱的截交线

步骤 1 求特殊点。

特殊点是指转向轮廓线上的点、极限位置点及椭圆长、短轴的端点。根据它们的正面投影 a'、b'、c'、d',可求得侧面投影 a''、b''、c''、d'',如图 3-21 所示,其中,a''、b'' 分别为正面投影轮廓线上的点,也是椭圆的最低点(最左点)和最高点(最右点);c''、d'' 分别为侧面投影轮廓线上的点,也是椭圆的最前点和最后点。c''、d'' 和 a''、b'' 分别是椭圆的长、短轴的端点。

步骤 2 求一般点。为使作图更为准确,还需作出一定数量的一般点,如图 3-21 所示中的点 E、F。

步骤 3 判别可见性,依次光滑连接各点的侧面投影,完成全图,如图 3-21 所示。

例 3-9 画出如图 3-22(a)所示上部开槽的圆柱体三视图。

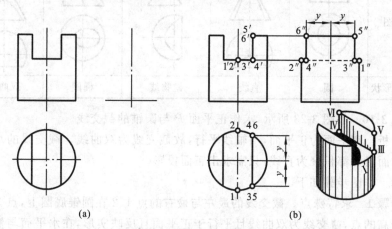

(a)   (b)

图 3-22 圆柱切口开槽的画法

分析 图 3-22(a)所示立体是一个圆柱体被两个侧平面和一个水平面切割而成的。两个侧平面与圆柱面的交线为四条铅垂线,其正面投影和侧面投影反映实长；一个水平面与圆柱面的交线为两段圆弧，其水平投影积聚在圆柱面的水平投影上。

解　作图步骤如下。

步骤 1　先画出完整圆柱体的三视图。

步骤 2　再按凹槽的宽度和深度，依次画出正面投影和水平投影，再求出侧面投影。

由于圆柱最前、最后素线的上端被切去一段，使侧面投影的轮廓线在开槽部位向内"收缩"，呈"凸"字形，"收缩"的程度与槽宽有关。侧面投影中的最前、最后素线完整，如图 3-22(b)所示。

2. 圆锥的截交线

当平面与圆锥相交时，由于平面对圆锥的相对位置不同，其截交线可以是圆、椭圆、抛物线或双曲线，这四种曲线总称为圆锥曲线；当截切平面通过圆锥顶点时，其截交线为过锥顶的两直线，如表 3-2 所示。

表 3-2　圆锥的截交线

截平面位置	与轴线垂直	过圆锥顶点	平行于任一素线	与轴线倾斜	与轴线平行
轴测图					
投影图					
截交线形状	圆	直线	抛物线	椭圆	双曲线

例 3-10　如图 3-23 所示，求作正平面 P 与圆锥的截交线。

分析　截平面为正平面，与轴线平行，故截交线为双曲线。截交线的水平投影和侧面投影都积聚为直线，只需求出正面投影。

解　作图步骤如下。

步骤 1　求特殊点。截交线的最左与最右的点 1、2 在圆锥底圆上，点 3 为截交线最高的点，截交线为双曲线且平行于正平面且反映实形，在水平面与侧面的投影分别积聚为一条线段，由 $1''$、$2''$、$3''$ 可求出点的正面投影 $1'$、$2'$、$3'$。

步骤 2　求一般点用辅助线法求出。在截交线的水平投影 1、2 线上选取两个点 4、5，这两点到中线的距离相等，在俯视图上以锥顶为圆心，过点 4、5 画一

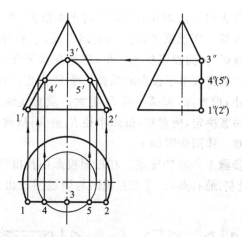

图 3-23 正平面截切圆锥的截交线

圆,从这个圆的最左点与最右点向上对应相交圆锥的主视图的左右两条素线,连接这两个交点得一水平线,从俯视图上的点 4、5 对应上来找到点 4′、5′。用同样的方法可再求截交线上的若干点。

步骤 3 判别可见性。依次光滑连接各点的同面投影,即可得到截交线的三面投影,如图 3-23 所示。

3. 圆球的截交线

无论截平面与圆球的相对位置如何,其截交线都是圆。但由于截平面相对投影面的位置不同,故所得截交线(圆)的投影有所不同。当截平面平行于某一投影面时,截交线在该投影面上的投影为圆的实形,在其他投影面上的投影积聚为直线。当截平面通过球心时,截交线(圆)的直径最大,即等于球的直径;截平面离球心越远,截交线圆的直径也就越小,见表 3-3。

表 3-3 圆球表面截交线

截平面位置	与 V 面平行	与 H 面平行	与 V 面垂直
轴测图			
投影图			
截交线形状	圆	圆	圆

例 3-11   已知开槽半圆球的正面投影,求作其余两投影,如图 3-24(a)所示。

分析   矩形槽的两侧面是侧平面,它们与半圆球的截交线为两段平行于侧面的圆弧,侧面投影反映实形;槽底是水平面,与半圆球的截交线也是两段水平圆弧。截交线水平投影的圆弧半径 R_1 由正面投影的槽深决定,槽愈浅,圆弧半径 R_1 愈小;槽愈深,圆弧半径 R_1 愈大。截交线侧面投影的圆弧半径 R_2 由正面投影所示槽宽决定,槽愈窄,圆弧半径 R_2 愈大;槽愈宽,圆弧半径 R_2 愈小。

解   作图步骤如下。

步骤 1   求特殊点。在正面投影中找出特殊点(如最前、最后点,最高、最低点,最左、最右点)。并在左视图与俯视图找出对应的点的投影,如图 3-24(b)所示。

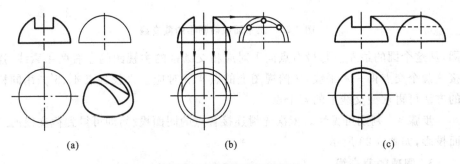

| (a) | (b) | (c) |

图 3-24   开槽圆球的截交线

步骤 2   两个侧平面和球的交线为两段平行于侧面的圆弧,水平面与球的交线为前后两段水平圆弧,分别过找出的特殊点作圆弧,如图 3-24(b)所示。

步骤 3   判断可见性。加粗轮廓线完成全图。槽底有部分线段被挡住,为不可见的,故用虚线连接,如图 3-24(c)所示。

3.3   两立体表面的相贯线

两立体相交称为相贯,其表面交线称为相贯线;把这两个立体看作一个整体,称为相贯体,如图 3-25 所示。本节主要研究两回转体相交产生的相贯线。

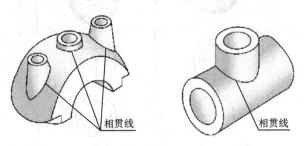

图 3-25   相贯体

3.3.1 相贯线的性质及求法

两两曲面体的相贯线在一般情形下是封闭的空间曲线,特殊情形下可能是平面曲线或直线相贯线上的点是两曲面立体表面的共有点。求作两曲面立体的相贯线的投影时一般是先作出相贯线上一系列点的投影,再连成相贯线的投影。

1. 相贯线的性质

(1) 相贯线是两相交立体表面的共有线,也是两个曲面立体表面的分界线。相贯线上的点是两个曲面立体表面的共有点。

(2) 由于立体具有一定的范围,所以相贯线不可能超出两立体投影的轮廓线外,且一般是封闭的空间曲线;特殊情况下也可能是平面曲线或直线,亦可能是不封闭的。

2. 相贯线的求法

根据相贯线的性质,两回转体相贯线的作图同样可归结为求两回转体表面的共有点问题。求作相贯线的一般步骤是根据给出的投影,分析相贯回转体的形状、大小及其轴线的相对位置,判定相贯线各投影的特点,先作出回转体表面上的一些共有点的投影,再连成相贯线的投影。

通常可用辅助面来求这些点,也就是求出辅助面与这两个立体表面的三面共点,即为相贯线上的点。当两个立体中有一个立体表面的投影具有积聚性时,可以用在回转体表面上取点的方法作出这些点的投影。在求相贯线上的这些点时,与求回转体的截交线一样,应在可能和方便的情况下,相贯线上的特殊点应尽量全部求出。特殊点是指能够确定相贯线的投影范围和变化趋势的点,如相贯体的回转体的转向轮廓线上的点,以及最高、最低、最左、最右、最前、最后点等,然后按需要再求相贯线上一些其他的一般点,从而准确地得到相贯线的投影,并表明可见性。只有一段相贯线同时位于两个立体的可见表面上时,这段相贯线的投影才是可见的,否则就不可见。

3.3.2 利用积聚性求相贯线

两回转体相交,若其中一回转体的投影具有积聚性,则相贯线上的点可利用投影的积聚性,通过表面取点的方法求得。

例 3-12 如图 3-26(a)所示,求两正交圆柱体的相贯线。

分析 两圆柱体的轴线正交,且分别垂直于水平面和侧面。因此,相贯线的水平投影与小圆柱面的水平投影重合,侧面投影与大圆柱面的侧面投影重合为一段侧弧,所以只需求出相贯线的正面投影。

解 作图步骤如下。

步骤 1 求特殊位置点。最高点 Ⅰ、Ⅱ(也是最左、最右点)及最低点 Ⅲ(最前点)的正面投影 1′、2′ 及 3′ 可根据已知条件直接求得。

步骤 2　求一般位置点。利用积聚性和投影关系,根据水平投影 4、5 和侧面投影 $4''$、$(5'')$,求出正面投影 $4'$、$5'$。

步骤 3　依次光滑连接各点的正面投影,即得相贯线的正面投影,如图 3-26(b)所示。

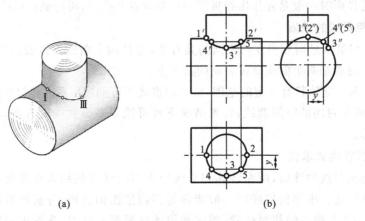

(a)   (b)

图 3-26　两正交圆柱的相贯线

若两圆柱正交穿孔,其相贯线的画法与两圆柱正交的作图方法相同,此处不再加以叙述。

3.3.3　利用辅助平面法求相贯线

求两回转体的相贯线时,有时无法利用积聚性,此时可以利用辅助平面法求得。

所谓辅助平面法是指利用三面共点原理,用若干辅助平面求出相贯线上一系列共有的点,从而画出相贯线投影的方法。作一恰当的辅助平面与两回转体都相交并产生截交线,两条截交线的交点即为相贯线上的点,这些点既在两回转体表面上,又在辅助平面内。

为作图方便,应选用特殊位置平面作为辅助平面(通常为投影面平行面),并使其截交线的投影为圆或直线。

例 3-13　如图 3-27 所示,求作圆柱与圆锥台正交的相贯线。

分析　圆柱与圆锥相交,相贯线是一条前后、左右对称的封闭的空间曲线。圆柱的轴线为侧垂线,相贯线的侧面投影积聚在圆柱面的侧面投影的部分圆周上(为一段圆弧),所以只需求得相贯线的正面及水平面的投影。由于这两个投影无积聚性,因而需采用辅助平面法求相贯线。

作图步骤如下。

步骤 1　求特殊位置点。据相贯线的性质先确定最高点 Ⅰ、Ⅱ(也是最左、最右点)和最低点 Ⅲ、Ⅳ(也是最前、最后点)的侧面投影,即可求得其正面投影及水

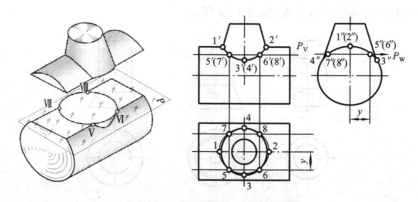

图 3-27　圆柱与圆锥台正交的相贯线

平投影。

步骤 2　求一般位置点。在特殊点之间适当的位置选用一水平面 P 作为辅助平面,其辅助平面截切圆锥的截交线的水平投影为圆,截切圆柱的截交线的水平投影为两条平行直线,两截交线的交点 5、6、7、8 即为相贯线上的点。再根据水平投影求出侧面及正面投影。

步骤 3　判断可见性。依次光滑连接各点成线,由于相贯体前后对称,相贯线前半部分与后半部分的正面投影重合为一曲线。光滑连接各点的同面投影,即得相贯线的正面投影和水平投影。

3.3.4　相贯线的近似画法

相贯线的作图步骤较多,如对相贯线的准确性无特殊要求,当两圆柱垂直正交且直径有相差时,可采用圆弧代替相贯线的近似画法。如图 3-28 所示,垂直正交两圆柱的相贯线可用大圆柱直径的一半(即 $D/2$)的圆弧来代替。

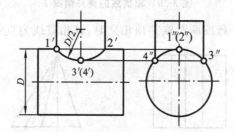

图 3-28　用圆弧代替相贯线的近似画法

3.3.5　相贯线的特殊情况

两个回转体相交其相贯线一般为空间曲线。但在特殊情况下,也可能是平面曲线或直线。

当两个回转体具有公共轴线时,其相贯线为圆。该圆在与回转体轴线所平行的投影面上的投影为直线，如图 3-29 所示。

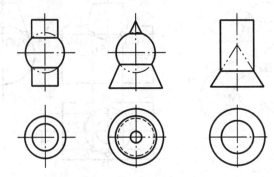

图 3-29　相贯线的特殊情况 1

当圆柱与圆柱或圆柱与圆锥轴线相交，并公切于一圆球时，其相贯线为椭圆，该椭圆在与两回转体轴线所平行的投影面上的投影为直线，如图 3-30 所示。

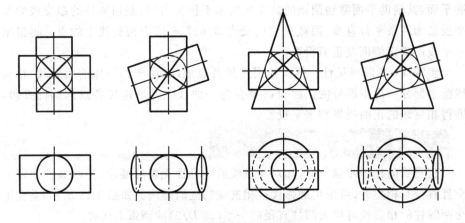

图 3-30　相贯线的特殊情况 2

当两圆柱轴线平行或两圆锥共顶相交时，其相贯线为直线，如图 3-31 所示。

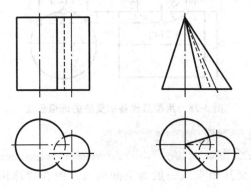

图 3-31　相贯线的特殊情况 3

若在绘制相贯线时遇到上述各类特殊情况,可直接画出相贯线。

本 章 小 结

(1) 介绍了平面立体棱柱、棱锥和回转体圆柱、圆锥、圆球和圆环的三视图画法。

(2) 能够熟练运用积聚性法和辅助线法在平面立体和回转体表面取点、取线。

(3) 了解截交线的基本性质。熟练掌握求平面立体截交线的方法,即利用在立体表面上取点、取线的方法绘制截交线和截切后的平面立体的投影。

(4) 熟练掌握求曲面立体的截交线的方法,即素线法、纬圆法和辅助平面法。

(5) 熟练掌握求截交线的作图步骤。

(6) 了解相贯线的基本性质,熟练掌握求曲面立体相贯线的方法,表面取点法和辅助平面法。

(7) 熟练掌握求相贯线的作图步骤。

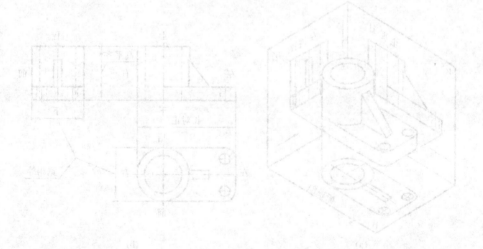

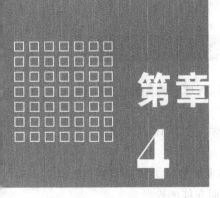

第章

4

组合体的投影

本章提要

　　本章主要介绍三视图的形成及投影特征;组合体的组合形式;组合体视图的画法及步骤;组合体的读图;组合体的尺寸标注;轴测图;AutoCAD 三视图及轴测图的图形绘制。

4.1　三视图的形成及投影关系

　　如图 4-1(a)所示,将组合体置于三面投影体系第一角中,分别向各投影面投影,看得见的轮廓线用粗实线画,看不见的用虚线画,即得该组合体的三视图,如

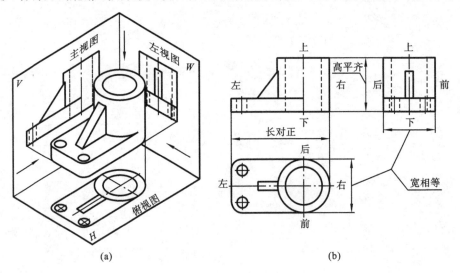

图 4-1　三视图的形成及其特征

图 4-1(b)所示。

　　组合体的正面(V)投影称为主视图,水平(H)投影称为俯视图,侧面(W)投影称为左视图。由于是同一个形体,在同一个空间位置,同时向三个投影面投影,所以无论是整体还是局部,主视图与俯视图均保持长对正,主视图与左视图保持高平齐,俯视图与左视图保持宽相等的投影联系。主视图反映出上下左右的方位关系,俯视图反映前后左右的方位关系,左视图反映上下前后的方位关系。

4.2　组合体的组合形式

4.2.1　组合体的概念

　　由两个或两个以上的基本几何体或简单几何体构成的形体称为组合体。而简单几何体是指对基本几何体进行简单切割而形成的形体。如图 4-2 所示,连接板简单几何体可看做由基本几何体三棱柱切割而成,或是一个直立的扁四棱柱;如图 4-3 所示,支架板简单几何体可看做由基本几何体四棱柱切割而成。

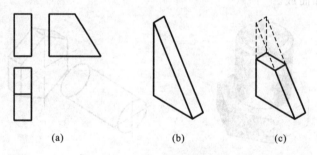

(a)　　　　　　　(b)　　　　　　　(c)

图 4-2　连接板简单几何体

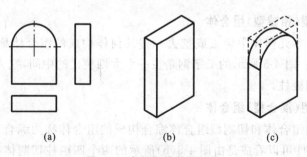

(a)　　　　　　　(b)　　　　　　　(c)

图 4-3　支架板简单几何体

4.2.2 组合体的分类

1. 组合体的分析方法

1）形体分析法

读、画组合体常常要分析组合体的构成，按照组合体的形状特征，将其分解为若干个基本形体或简单几何形体，从而明确组成组合体的基本几何形体和简单几何形体，以及其相对位置和各表面的连接形式。这种为画图或读图对组合体进行分析的方法称为形体分析法。形体分析法是画组合体视图和读图的基本方法。

2）线面分析法

线面分析法是指运用线、面的投影特性，分析视图中每条图线、每个封闭线框与空间形体上线、面的对应关系的方法。

2. 组合体的分类

组合体按形体结构的方式可分为叠加型、切割型和综合型三种形式。

1）叠加型（相加型）组合体

由两个以上的几何体叠加（相加）构成的组合体称为叠加型（相加型）组合体。图 4-4(a)所示的螺栓毛坯，可由如图 4-4(b)所示的正六棱柱和圆柱两个基本几何体叠加而成。

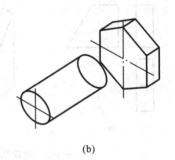

(a)　　　　　　　　　　(b)

图 4-4　叠加型组合体

2）切割型（相减型）组合体

由某种基本几何体中切去或挖去一些几何体构成的组合体称为切割型（相减型）组合体。图 4-5 所示的工字钢是在一个大四棱柱的中间，挖去两块大小、形状相等的小四棱柱。

3）综合型（混合型）组合体

由叠加型组合体和切割型组合体综合构成的组合体称为综合型组合体。图 4-6(a)所示零件可以看成是由图 4-6(b)所示的两个四棱柱切割体叠加上半圆柱组合而成的。

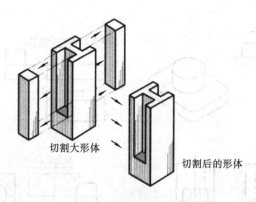

切割大形体

切割后的形体

图 4-5 切割型组合体

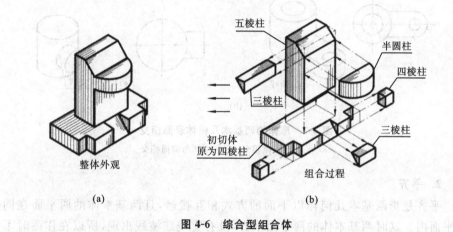

五棱柱

半圆柱

四棱柱

三棱柱

三棱柱

初切体
原为四棱柱

整体外观

组合过程

(a)

(b)

图 4-6 综合型组合体

在实际应用中,大多数的零件属于综合型组合体。任何复杂的形体都可以看做是由若干个基本几何体或简单的几何体所组成的。

4.2.3 组合体的连接形式及画法

了解组合体的组成之后,还需要进一步掌握构成组合体的各基本几何体或简单几何体表面间的连接关系。所谓连接关系是指基本形体组合成组合体时,各基本形体表面间真实的相互关系。同时要弄清楚基本几何体表面连接处的画法,才能正确地画出组合体的视图,在作图时不多画线或漏画线。

组合体的表面连接关系主要有两表面相交、平齐和相切。

1. 相交

相交是指两基本几何体表面(平面与曲面或平面与平面)彼此相交。相交处应画出交线。这种交线按相交表面及相对位置的不同可为直线,如图 4-7(a)所示;交线也可为曲线,如图 4-7(b)所示的水平面与圆柱面相交的截交线。

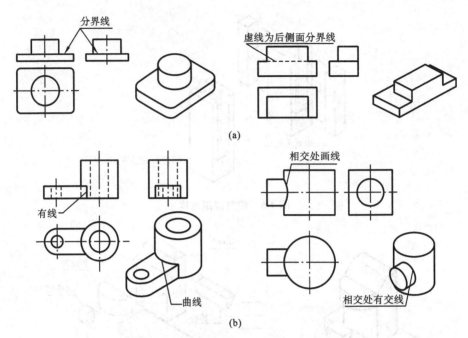

图 4-7　形体的两基本几何体表面相交
（a）平面与平面相交　（b）平面与曲面相交

2. 平齐

平齐是指两基本几何体以平面的方式相互接触，且两基本体的两平面在同一平面内。这时两基本体的两平面平齐，没有交线或棱线出现，所以在作图时不画接触线，如图 4-8 所示。

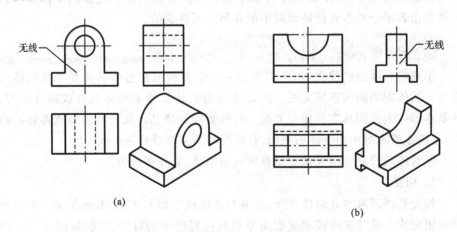

图 4-8　形体的两基本几何体表面平齐
（a）两面在宽度方向平齐　（b）两面在长度方向平齐

3. 相切

相切是指两基本几何体表面（平面与曲面、曲面与曲面）光滑过渡。当曲面与曲面、曲面与平面相切时，在相切处不存在交线。图 4-9（a）所示的零件左端底板上铅垂面与圆筒相切，两面接触没有棱线出现，主、左视图上相切处不画交线。图 4-9（b）所示的零件左端底板上正平面与圆筒相切，两面接触没有棱线出现，主视图上相切处不画交线。

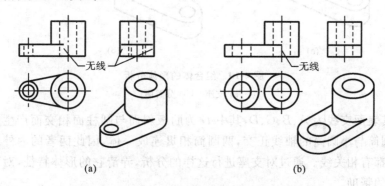

图 4-9　形体的两基本面相切

（a）铅垂面与圆筒表面相切　（b）正平面与圆筒表面相切

4.3　组合体视图的画法及步骤

4.3.1　组合体视图的画法及步骤

画组合体三视图的基本方法是形体分析法和线面分析法。对于叠加型或综合型组合体，常以形体分析法为主，结合线面分析法逐一画出各组成部分的三视图。对于切割型组合体，一般先画出被切割前的基本形体的视图，然后按切割顺序依次画出各被切割部位的图形，画图时常运用线面分析法对组合体的线和表面作投影分析。无论采用何种方法，画图前都要先分析、了解组合体的形状结构，进而选择视图。下面以图 4-10 所示的综合型组合体为例，进一步说明组合体三视图的画图方法和步骤。

1. 形体分析

形体分析的目的就是为了在画图时做到心中有数，有的放矢。为此，要了解组合体各组成部分的形状特征、组合形式、相对位置关系及细部结构，或者了解组合体经过何种形式的切割，各组成表面的形状和空间位置，以及相邻表面的关系等。图 4-10（a）所示的支座由大圆筒、小圆筒、底板和肋板组成（见图 4-10（b））。从图中可以看出大圆筒与底板接合，底板的底面与大圆筒的底面共面，底板的侧面与大圆筒的外圆柱面相切；肋板叠加在底板的上表面上，右侧与大圆筒

137

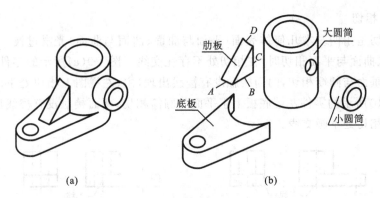

(a)   (b)

图 4-10　组合体的形体分析

(a) 支座　(b) 分解图

相交,其表面交线为 A、B、C、D,其中 D 为肋板斜面与圆柱面相交而产生的椭圆弧;大圆筒与小圆筒的轴线正交,两圆筒相贯连成一体,因此两者的内外圆柱面相交处都有相关线。通过对支座进行这样的分析,弄清它的形体特征,对于画图有很大的帮助。

在具体画图时,可以按各个部分的相对位置,逐个画出它们的投影,以及它们之间的表面连接关系,综合起来即得到整个组合体的视图。

2. 选择视图

(1) 确定形体位置　为了使投影能得到真实形状,尽量使形体上的主要面平行于投影面。

(2) 确定主视方向　通常要求主视图能够较多地表达物体的形状特征,也就是要尽量在主视图上表示出组合体各部分的形状和相对位置关系的特征。如图 4-11 所示的两个形体的立体图中箭头所示的方向能满足上述基本要求,可作为主视图的投射方向。

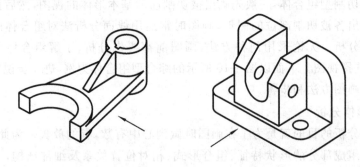

图 4-11　主视图的投射方向

(3) 选择视图数量　为了把组合体各部分的形状和相对位置完整、清晰地表达出来,一般除了选用主视图外,还要画出俯视图和左视图,进一步表达宽度等方向的大小及形状。但是有许多形体可以只画两个视图,如图 4-12 所示的简单组合体,只需要两个视图就可以完整、清晰地表达它,这时就可以省略一个视图。

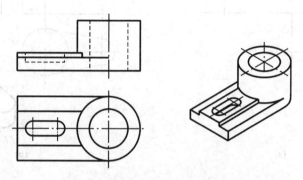

图 4-12 只用两个视图的组合体示例

3. 选比例、定图幅和布置视图位置

画图尽可能采用 1∶1 的比例。根据组合体的长、宽、高尺寸及所选用的比例,选择合适幅面的图纸。考虑到标注尺寸所需的位置,根据主视图长度方向尺寸和左视图宽度尺寸,计算出主、左视图间及与图框线间的空白间距,使主、左视图沿长度方向均匀分布。同样根据主视图的高度尺寸和俯视图的宽度尺寸计算出上下的空白间距,使主、俯视图沿高度方向均匀分布。当选定的图纸固定到图板上后,应先画好图框和标题栏,然后根据计算结果,用基准线将三视图的位置固定在图纸上。基准线常采用对称线、轴线和较大的投影面平行面的积聚线。主视图的位置由长、高方向的基准线确定,左视图由高、宽方向的基准线确定,俯视图由长、宽方向的基准线确定。这些基准线应根据前面计算出的尺寸精确画出。

4. 绘制组合体视图

图 4-10 支座的绘图步骤如图 4-13 所示。

绘图时应注意以下几个方面。

(1)为保证三视图之间相互对正,提高画图速度,减少差错,应尽可能把同一形体的三面投影联系起来作图,并依次完成各组成部分的三面投影。不要孤立地先完成一个视图,再画另一个视图。

(2)先画主要形体,后画次要形体;先画各形体的主要部分,后画次要部分;先画可见部分,后画不可见部分。

(3)应考虑组合体是各个部分组合起来的一个整体,作图时要正确处理各形体之间的表面连接关系。

(4)去掉多余的线,补齐漏掉的线,判别可见性,纠正投影错误,最后按相关机械制图的国家标准,将图线按规定的线型要求描深。

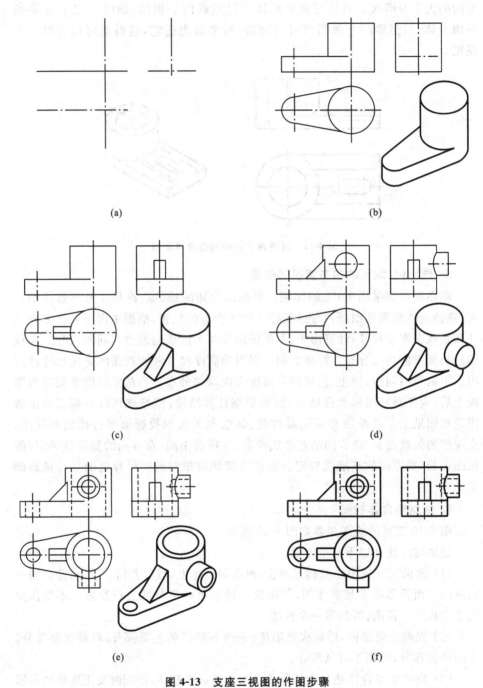

(a)

(b)

(c)

(d)

(e)

(f)

图 4-13 支座三视图的作图步骤

（a）布置视图，画主要基准线　（b）画底板和大圆筒外圆柱面　（c）画肋板
（d）画小圆筒外圆柱面　（e）画三个圆孔　（f）检查、描深，完成全图

4.3.2 画组合体视图综合举例

例4-1 画出图4-14(a)所示轴承座组合体的三视图。

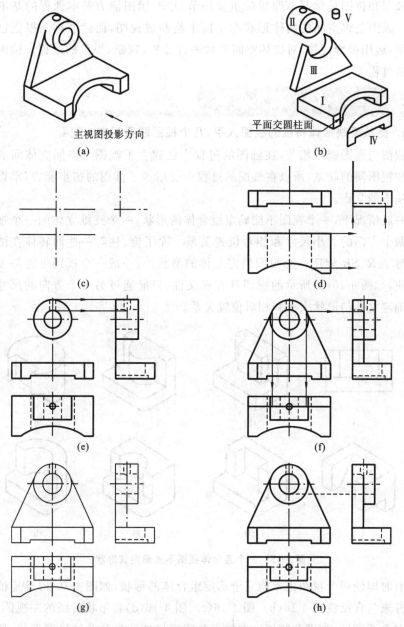

图4-14 轴承座组合体三视图的作图步骤

(a) 组合体立体图　(b) 形体分析　(c) 画基准线　(d) 从俯视图开始画形体Ⅰ(Ⅳ)

(e) 从主视图开始画形体Ⅱ(Ⅴ)　(f) 从主视图开始画形体Ⅲ　(g) 检查、去掉多余线　(h) 检查、描深图线

4.4 组合体的读图

画图和读图是学习本课程的重要环节,培养读图能力是本课程的基本任务之一。画图是将空间的物体形状在平面上绘制成视图,而读图则是根据已画出的视图,运用投影规律,对物体空间形状进行分析、判断、想象的过程。读图是画图的逆过程。

4.4.1 读图的基本要领

1. 要从反映形体特征的视图入手,几个视图联系起来一起看

读图与画图密切相关,在画图的过程中已建立了视图与空间立体间的对应关系和视图间的联系,所以在画图的过程中已培养了读图的初步能力,掌握了一些最基本的常识。

一般情况下,一个视图不能确定组合体的形状,一个三维立体的一个视图只反映两个方向的大小尺寸和相对位置关系。除了锥、柱等一些回转体在图中借助符号 ϕ、R、SR 能用一个视图确定立体的形状外,一般一个视图可能与多个形体对应,如图 4-15(a)所示的视图具有多义性,只能通过另一个方向的尺寸才能完全确定立体的形状大小和相对位置关系。

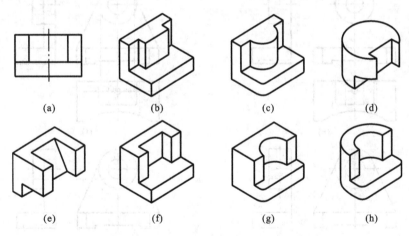

图 4-15 一个组合体视图不能确定其形状

有时即使两个视图也不能完全确定组合体的形状,如图 4-16(a)给定的两个视图并未包含反映图 4-16(b)、图 4-16(c)、图 4-16(d)和形状特征的左视图,左视图中包含了宽度、高度和倾斜方向较多的实际尺寸信息及曲线轮廓形状,所以图 4-16(a)给定的视图仍然存在表达形体形状的多义性。

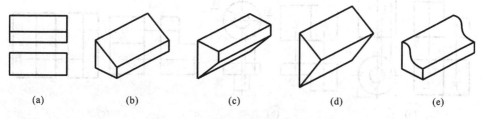

| (a) | (b) | (c) | (d) | (e) |

图 4-16 两个视图不能确定立体形状

2. 视图中的线面分析

读图要明确视图中线和面的含义。如图 4-17(a)所示,视图中的一条线段,可能对应空间立体上的一条线段,也可能对应一个面。视图中的一个线框可能对应空间的一个面,这个面可能是平面,也可能是曲面,也可看做对应空间一个立体,如图 4-18 所示。

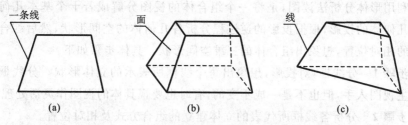

图 4-17 一个视图中的一条线不能确定是面还是线

(a)视图 (b)视图中的线表示面 (c)视图中的线表示线

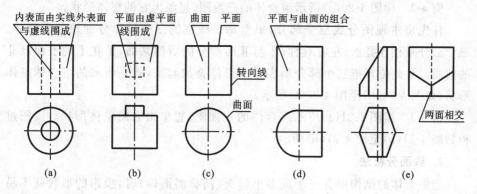

图 4-18 线与线框的几种类型

3. 视图中的相对位置分析

通过视图间的投影联系分析表面间的上下、左右和前后的层次关系,有助于确定组合体各基本立体间的相对位置关系,如图 4-19 所示。

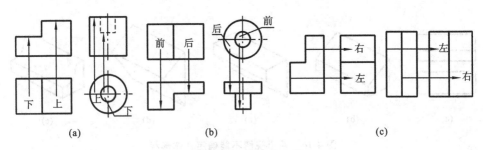

(a)　　　　　　　　(b)　　　　　　　　(c)

图 4-19　面的相对位置

(a) 上下位置　(b) 前后位置　(c) 左右位置

4.4.2　读图的基本方法

读图的基本方法常用的有形体分析法和线面分析法。

1. 形体分析法

利用形体分析法读图,是将一个组合体的视图分解成若干个基本几何体或简单几何体的投影,根据投影的逆过程分析各几何体的空间形状,然后综合各几何体的相对位置,想象出组合体的三维空间形状。具体步骤如下。

步骤 1　分线框,对投影,想象出每个线框所表示的立体形状。分线框一般应从主视图入手,但也不是一成不变的,有时也要视具体的视图作灵活处理。

步骤 2　分析各线框所代表的立体建立的组合方式及相对位置。

步骤 3　综合步骤 1、步骤 2,组合起来,想象出组合体的整体形状。对于明显用叠加方式构成的组合体,采用形体分析法较为合适。

例 4-2　读图 4-20(a)所示组合体的三视图,想象出它的整体形状。

首先将主视图分成三个部分,根据每个线框的三个投影分别想象出形体。三个部分是相互叠加、左右对称;Ⅰ与Ⅱ两部分的后侧共面,Ⅲ在Ⅰ的上面及Ⅱ的前面。按此位置把三个部分所表示的形体叠加起来,就是所求的组合体整体形状,如图 4-20(b)至图 4-20(f)所示。

例 4-3　读图 4-21(a)所示组合体的三视图,想象出它的整体形状。读图过程如图 4-21(b)至图 4-21(h)所示。

2. 线面分析法

当组合体的结构中有一个或多个斜面(简称斜面体)时,投影的形状就不易想象,难以看懂。看这种斜面体视图常常使用线面分析法。

无论是简单或复杂结构的斜面体,均可看做一个几何体被一些平面切割去部分形体之后构成的。而被切割余下的斜面体部分则可以看成是有一些切割平面或切割限于几何体余下部分所构成的。

线面分析法着重用直线和平面的投影规律,分析斜面体上各种斜面的形成

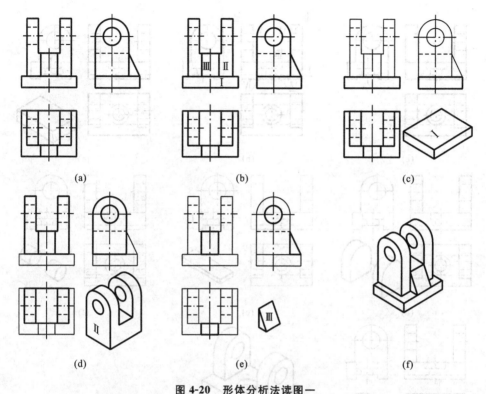

图 4-20　形体分析法读图一

(a) 三视图　(b) 分析框、对投影　(c) 想出形体Ⅰ　(d) 想出形体Ⅱ
(e) 想出形体Ⅲ　(f) 综合起来的整体

及其投影形状,然后综合想象斜面体的三维空间形状的方法。

看斜面体的思路如下。

① 用三角板或圆规练习对照相关视图来分析,确定形成斜面体的几何体原型。

② 重点分析斜面的投影形状,如果斜面投影是一般位置平面,应分析组成斜面各点(或直线)的相对位置,它们的三面投影一定是构成投影关系对应的类似形;如果斜面是垂直面,应从有积聚性的视图进行分析,然后找出其在另两个视图上的投影,它们也一定是相互对应的类似形。

例 4-4　读图 4-22(a)所示组合体的三视图。

读图一般应遵循由整体到局部、由简单到复杂的顺序。

(1) 视图特点及基本形体分析　从图 4-22(a)中可以看出形体前后对称,三个视图的主要轮廓接近矩形,可以断定基本立体为长方体。从主视图和左视图中的虚线所表达的结构的形状及与俯视图中对应的两圆间的投影关系,容易确定这个结构从上到下挖出的一个阶梯孔,轴线位于对称面上。

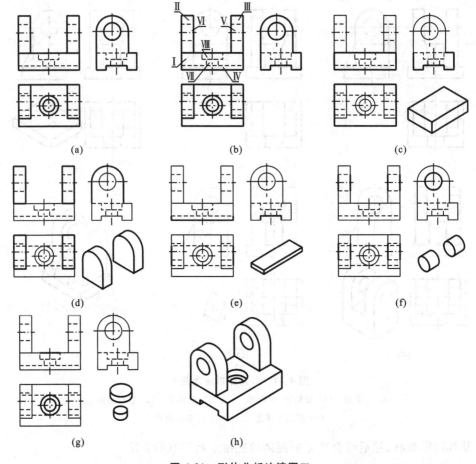

图 4-21　形体分析法读图二

（a）三视图　（b）将主视图分为八个线框　（c）读线框Ⅰ　（d）读线框Ⅱ和Ⅲ
（e）读线框Ⅳ　（f）读线框Ⅴ和Ⅵ　（g）读线框Ⅶ和Ⅷ　（h）综合起来的组合体

（2）复杂部位的分析　从图 4-22（a）中可以看出，三视图所表达的形体是用挖切方式所得的组合体，不能完全用分线框对投影的方法来确定各个局部的形状。如图 4-22（a）俯视图中的Ⅱ线框，在主视图中找不到与之对应的符合投影关系的线框，但在左视图中可以找到一个类似形的线框与之对应，主视图中对应一条线段，结合主视图外形轮廓切去左上角的特征，便可确定线框Ⅱ为一正垂面，切割基本形体的结果如图 4-22（c）所示。

同样可以分析出线框Ⅰ为铅垂面，前后对称地切割形体如图 4-22（d）所示。还可以分析出其他部分的切割情况。综合分析各个面相对于基本形体的相对位置情况，想象出的立体如图 4-22（d）所示。

读图的过程就是不断把想象的形体与给定视图对照并修正的思维过程，要把想象中的形体与给定的视图反复对照，直至完全一致为止，如图 4-23 所示。

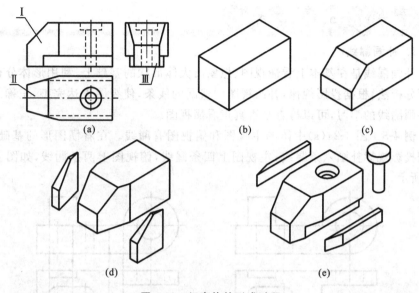

图 4-22　组合体的形成过程

（a）组合体三视图　（b）基本立体　（c）用正垂面切割左上角　（d）用两个铅垂面对称地切割左前左后角

（e）前后底部各对称地切去一个底面为梯形的四棱柱，从顶部挖出一个阶梯孔

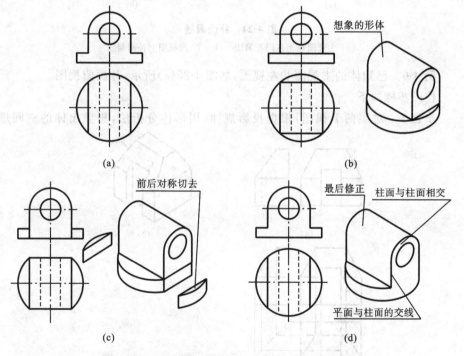

图 4-23　反复对照，不断修正，想象出正确的组合体

（a）根据主、俯视图想象组合体　（b）与原题主、俯视图都不符

（c）与原题主、俯视图都不符合　（d）主、俯视图都相符

147

4.4.3 读图综合实例

1. 补画漏线

补画漏线是在基本上看懂视图、想象出大体形状的基础上,利用形体分析和线面分析法,根据投影规律,补画视图中遗漏的线条,使视图表达完整、正确。通过补画漏线的学习,可以检查是否真正看懂视图。

例 4-5 图 4-24(a)中体的主视图和俯视图有漏线。在看懂图形的基础上,根据投影规律补画六条漏线;主视图上四条漏线,俯视图上两条漏线,如图 4-24(b)所示。

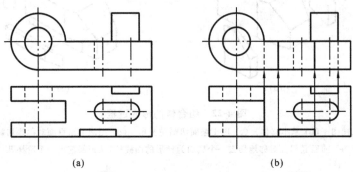

(a)　　　　　　　　　　　(b)

图 4-24　补画漏线

(a) 主视图和俯视图有漏线　(b) 主、俯视图上补画漏线

例 4-6 已知体的主视图和左视图,如图 4-25(a)所示,补画俯视图。

作图步骤如下。

步骤 1 对照两个视图,根据投影规律,用形体分析法,想象出体的空间形

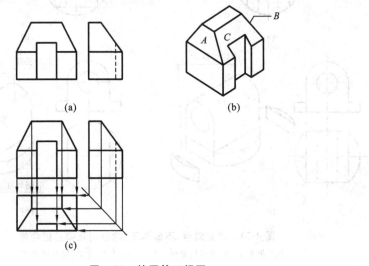

(a)　　　　　　　　　　　(b)

(c)

图 4-25　补画第三视图

状,如图 4-25(b)所示。

步骤 2 按照投影规律,补画俯视图,如图 4-25(c)所示。

注意:正垂面的 A、B 的正面投影为倾斜的积聚线,其水平投影和侧面投影为类似形;侧垂面 C 的侧面投影为倾斜的积聚线,其水平投影和正面投影为类似形。

4.5 组合体的尺寸标注

由于组合体是由多个几何体构成的,所以组合体尺寸的标注不但要求标注各几何体的形状和大小,而且要标明各几何体之间的相对位置。为了完整、清晰地标注组合体尺寸,在标注过程中应首先对组合体进行形体分析,然后再标注尺寸。

4.5.1 尺寸基准

标注尺寸的起始位置称为尺寸基准。组合体有长、宽、高三个方向的尺寸,每个方向至少应有一个尺寸基准。在组合体的尺寸标注中,常选取对称面、底面、端面、轴线或圆的中心线等几何元素作为尺寸基准。在选择基准时,每个方向除一个主要基准外,根据情况还可以有几个辅助基准。基准选定后,各方向的主要尺寸(尤其是定位尺寸)就应从相应的尺寸基准进行标注。

4.5.2 标注尺寸要完整

1. 尺寸种类

要使尺寸标注完整,既无遗漏,又不重复,最有效的办法是对组合体进行形体分析,根据各基本体形状及其相对位置分别标注以下几类尺寸。

(1) 定形尺寸 即确定各基本体形状大小的尺寸。如图 4-26(a)中的 50、34、10、$R8$ 等尺寸确定了底板的形状。而 $R14$、18 等是竖板的定形尺寸。

(2) 定位尺寸 即确定各基本体之间相对位置的尺寸。如图 4-26(a)所示的俯视图中的尺寸 8 用于确定竖板在宽度方向的位置,主视图中尺寸 32 用于确定 $\phi16$ 孔在高度方向的位置。

(3) 总体尺寸 即确定组合体外形总长、总宽、总高的尺寸。总体尺寸有时和定形尺寸重合,如图 4-26(a)中的总长 50 和总宽 34 同时也是底板的定形尺寸。对具有圆弧面的结构,通常只注中心线位置尺寸,而不注总体尺寸。如图 4-26(b)中总高可由 32 和 $R14$ 确定,此时就不再标注总高 48 了。当标注了总体尺寸后,有时可能会出现尺寸重复,这时可考虑省略某些定形尺寸。如图4-26(c)中总高 48 和定形尺寸 10、38 重复,此时可根据情况,将此二者之一省略。

2. 标注尺寸的方法和步骤

1) 形体分析

要使尺寸标注得完整,通常采用形体分析法,将组合体分解为若干基本几何

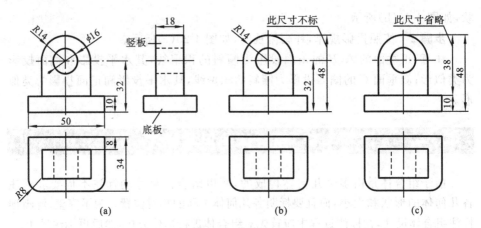

图 4-26　尺寸种类

（a）定形尺寸示例　（b）定位尺寸示例　（c）总体尺寸示例

体,分别标注基本体的定形尺寸和确定基本体间相对位置的定位尺寸,综合组合体尺寸时去掉多余尺寸,调整个别尺寸,注出总体尺寸,满足正确、清晰和完整的要求。

2) 尺寸基准

所谓尺寸基准是指度量尺寸的起点,如测量人体的高度,脚底就是度量的起点,就称为尺寸基准。

基准实质为确定形体表面点、线、面等几何要素相对位置的坐标系,而尺寸数值即为在该坐标读数。

（1）局部基准　如前所述,为了完整地标注尺寸,将组合体分解为基本立体,在基本立体上选取一组基准,注出确定形状的几何要素间的相对位置尺寸,即定形尺寸,这样的基准称为局部基准。

（2）三向基准　对于一般的三维立体,要注长、宽和高(x、y、z)三个方向的尺寸,所以在三个方向都应设定尺寸基准,设定尺寸基准的过程称为基准选择。

（3）径向基准与轴向基准　对于回转体,其形状由回转面的半径和两端面间的距离确定,而标注半径或直径总是选轴线作为基准,称为径向基准;标注高度尺寸选一个端面作为基准,称为轴向基准。因此注回转体的尺寸只需要两个基准。

（4）全局基准　为确定组成组合体的各基本立体间的相对位置,需要在组合体上选取一组总体的基准,这组基准称为全局基准。通常所说的基准是指全局基准。一般选择对称平面,回转轴及投影面平行面中较大的平面作为全局基准。

标注定形尺寸,选局部基准,称为从局部基准出发尺寸。标注定位尺寸,选全局基准,即从全局基准出发标注出每个基本立体的局部基准重合。基准重合时不标注定位尺寸。因为每一个基本立体都要标注定形尺寸，所以局部基准有多个，全局基准只有一个。但全局基准有一定的相对性，因为划分组合体时不可能太细。如图 4-27 所示，底板上的两个孔是底板的一部分，而对孔所标注的定位尺寸，实质是从底板的局部基准出发标注，所以这时底板的局部基准对孔而言就有全局基准的含义。由于底板的局部基准完全与全局基准重合，所以对孔而言，也可以理解为是从全局基准出发进行标注的。

3．基本形体的尺寸标注

基本形体的尺寸标注是从局部基准出发，标注出完整的定形尺寸，常见基本立体的尺寸标注如表 4-1 所示。

表 4-1　常见基本立体的尺寸标注

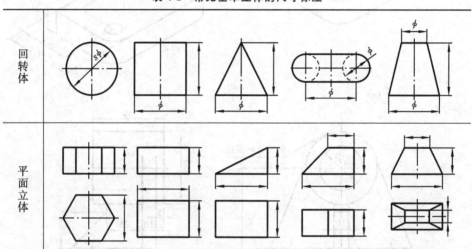

例 4-7　标注图 4-27 所示组合体的尺寸。

1）形体分析

将组合体分解为圆筒、肋板、支撑板和底板等四个基本立体，如图 4-27(b)所示。

2）选择基准

（1）选择局部基准　选择如下。

圆筒：圆筒为回转体，故选后端面为轴向基准，选轴线为径向基准。

底板：选左右对称面为长度方向的基准，后面为宽度方向的基准，底面为高度方向的基准。

支撑板：选左右对称面为长度方向的基准，后面为宽度方向的基准，底面为高度方向的基准。

肋板：选左右对称面为长度方向的基准，后面为宽度方向的基准，底面为高度方向的基准。

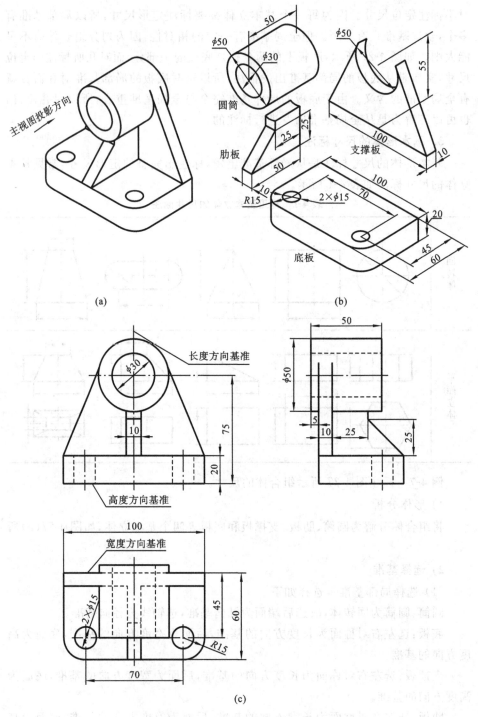

图 4-27 组合体的尺寸标注

（a）组合体轴测图 （b）形体分析 （c）尺寸标注

（2）选择全局基准 从总体看，形体左右对称，所以选左右对称面为长度方向的全局基准；底板与支撑板的后面共面，选该面为宽度方向的全局基准；选底板的底面为高度方向的全局基准。

（3）标注定形尺寸 从各个基本形体的局部基准出发，标注出全部定形尺寸。

圆筒：标注圆筒的定形尺寸 $\phi50$、$\phi30$ 和长度 50。

底板：标注底板的定形尺寸长 100、宽 60 和高 20。同时标注两个圆柱小孔和两个圆角的定形尺寸 $\phi15$ 和 $R15$。标注底板上两个 $\phi15$ 孔的定位尺寸 70 和 45，它们的高度尺寸与底板相同，是同一零件上的相关尺寸，只标注一次。

支撑板：标注支撑板的定形尺寸宽度 10。长度与底板相同，上部柱面与圆筒体相关，已在圆筒体上标注，高度方向的定形尺寸由圆筒轴线的定位尺寸确定。

肋板：标注肋板的定形尺寸厚度 10。由于肋板底宽等于底板宽度 60 减去支板宽度 10，而上端圆柱面部分的宽度为 25。

（4）标注定位尺寸 从全局基准出发，标注全部定位尺寸。

圆筒：圆筒径向基准位于左右对称面上，所以不标注长度方向的定位尺寸，只标注圆筒后端面的定位尺寸 5，圆筒轴线定位尺寸 75。

底板：由于底板的局部基准与全局基准完全重合，所以不标注定位尺寸。

支撑板：支撑板长度方向和宽度方向的局部基准与全局基准完全重合，高度方向的局部基准对全局基准的定位尺寸恰好和底板厚度定形尺寸相同，所以也不必再标注定位尺寸。

肋板：肋板长度方向的局部基准与全局基准重合，宽度方向和高度方向的定位尺寸同支撑板和底板对应的定形尺寸相同，不必再标注。

3）标注总体尺寸

由于组合体的总长、总宽分别和底板对应的长、宽相同，组合体的总高正好就是圆筒中心高 75 加外圆半径 25，所以均不需再标注。

4）检查并调整尺寸分布

标注出的尺寸如图 4-27(c)所示。

例 4-7 详细讨论了用形体分析的方法标注组合体尺寸的过程。应该看到，尺寸标注具有一定的灵活性，这只是为了按尺寸标注的要求标注尺寸的一种思维与训练方法而已，实际标注的过程并不完全一样，例如组合体中很多基本体的定形尺寸是相关的，相关尺寸标注一次，标注在哪一部分上应事先做周密的考虑，然后直接标注。尺寸基准的选择，可以从尺寸的形式分析出来，不必像图 4-27 中那样注明基准。应该说用形体分析的方法检查尺寸标注是否完整不失为一种好的方法。

4.6 轴 测 图

工程中使用的图样是采用正投影法绘制的多面投影图，它能反映物体的真实形状和大小，作图简便，但缺乏立体感。轴测图又称立体图，它是一种富于立体感的单面投影图，能同时反映空间立体长、宽、高三个方向的尺寸。但轴测图不能确切表达物体原来形状，且作图较为复杂，因而在工程上仅作为辅助图样使用。

4.6.1 轴测图的形成和基本知识

将物体和确定其空间位置的直角坐标系，沿不平行于任一坐标面的方向，用平行投影法将其投射在单一投影面上所得的图形称为轴测图。

轴测图有正轴测图和斜轴测图之分。使确定物体的三个坐标轴都倾斜与 P 平面，然后用正投影法（投影方向 S_1 与 P 面垂直），将物体和坐标一起向 P 平面投影称为正轴测投影，用这种方法所得到的投影称为正轴测图，如图 4-28（a）所示。如果使确定物体的三个坐标轴中的 Y 轴垂直于 Q 平面（亦即使 XOZ 坐标面平行于 Q 平面），然后用斜投影法（投影方向 S_2 倾斜于 Q 平面），将物体和坐标轴一起向 Q 平面投影称为斜轴测投影，用这种方法所得到的投影图称为斜轴测图，如图 4-28(b)所示。其中 P 平面及 Q 平面称为轴测投影面。显然，上述两种投影方法都是用一个投影表现物体并有较强立体感的单面投影图，即轴测投影。

正轴测图按其轴间角和轴向伸缩系数的不同分为正等和正二等轴测图，斜轴测图分为斜三和斜二轴测图。以下主要介绍工程上常用的正等轴测图和斜二轴测图。

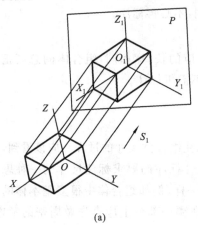
(a)

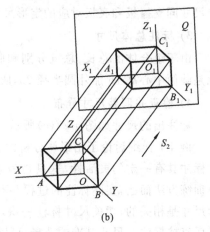
(b)

图 4-28 轴测图的形成

（a）正轴测图的形成 （b）斜轴测图的形成

4.6.2 轴间角和轴向伸缩系数

轴间角为两根轴测轴之间的夹角,如$\angle X_1O_1Y_1$、$\angle Y_1O_1Z_1$、$\angle X_1O_1Z_1$。

物体上平行于坐标轴的线段在轴测图中的长度与该线段在空间的实际长度之比称为轴向伸缩系数。

OX 轴的轴向伸缩系数为 $\qquad p_1=\dfrac{O_1A_1}{OA}$

OY 轴的轴向伸缩系数为 $\qquad q_1=\dfrac{O_1B_1}{OB}$

OZ 轴的轴向伸缩系数为 $\qquad r_1=\dfrac{O_1C_1}{OC}$

显然,轴向伸缩系数与空间坐标对轴测投影面的倾斜程度及投影方法有关。不同种类的轴测图,其轴间角和轴向伸缩系数也不相同。因此,轴间角和轴向伸缩系数是绘制轴测图的两个重要参数。

4.6.3 轴测图的投影特征

轴测图是用平行投影法得到的一种单面投影图,因此轴测图仍保持平行投影的投影特性。

(1)物体上相互平行的线段,在轴测图中仍互相平行。

(2)物体上平行于坐标轴的线段,在轴测图中仍然与相应的轴测轴平行,因此其轴向伸缩系数也一定与相应坐标轴的轴向伸缩系数相等。

(3)沿轴测量。在画轴测图时沿着轴测轴或平行于轴测轴的方向度量,这也是轴测图"轴测"的含义。

以上投影特性是绘制轴测图的重要依据,应熟练掌握和运用。当所画线段与坐标轴不平行时,则不能在图上直接度量,而应按线段上两端点的坐标分别作出端点的轴测图,然后连线求得线段的轴测图。

4.6.4 正等轴测图

1.正等轴测图的形成及其轴间角和轴向伸缩系数

当物体上的三个直角坐标轴与轴测投影面的倾角相等时,用正投影法将物体向轴测投影所得到的图形称为正等轴测图,简称正等测图。

正等测图中的三个轴间角都等于120°。为使图形稳定,一般取 O_1Z_1 轴为铅垂方向。轴向伸缩系数 $p_1=q_1=r_1=0.82$。如图 4-29 所示。

为作图方便,通常采用简化的轴向伸

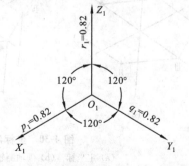

图 4-29 正等测图轴间角和轴向伸缩系数

缩系数 $p=q=r=1$。

2. 平面立体正等测图画法

画轴测图常用的方法有坐标法、切割法和堆积法。坐标法是最基本的方法。

1）坐标法

根据立体表面上各顶点的坐标，分别画出它们的轴测投影，然后依次连接，即为立体表面的轮廓线。

例 4-8 如图 4-30(a)所示，已知正六棱柱的两视图，求作其正等轴测图。

绘图步骤如下。

解 步骤 1 分析物体形状，确定坐标原点和作图顺序。

由于正六棱柱的前后、左右对称，顶、底面均为与水平面平行的正六边形，故把坐标原点定在顶面正六边形的中心，如图 4-30(a)所示。在轴测图中，顶面可见，底面不可见。为减少作图线，应从顶面开始画。

步骤 2 画轴测轴，如图 4-30(b)所示。

步骤 3 根据顶面各点坐标，在 $X_1O_1Y_1$ 坐标平面上定出顶面 I_1、II_1、III_1、IV_1、V_1、VI_1 点的位置，如图 4-30(c)所示。再用直线依次连接 I_1、II_1、III_1、IV_1、V_1、VI_1 点得顶面的轴测图，如图 4-30(d)所示。

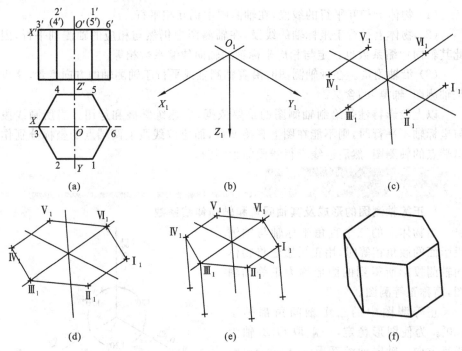

图 4-30　坐标法画平面立体的正等测图

(a) 定坐标　(b) 画轴测轴　(c) 定顶面各点坐标　(d) 画顶面

(e) 画棱线　(f) 画底面，擦去作图线，加深全图

步骤 4 画棱面的轴测图,过 I_1、II_1、III_1、IV_1各点向下作 Z_1 轴的平行线,并在其上截取棱线长度,同时定出了底面各可见点的位置,如图 4-30(e)所示。

步骤 5 连接底面各点,整理,加深线型,完成全图,如图 4-30(f)所示。

2) 切割法

切割法适用于带切口的平面立体。切割法以坐标为基准,画出完整平面体轴测图,然后用切割的方法逐步画出各个切口部分。

例 4-9 作出图 4-31(a)所示立体的正等轴测图。

解 从投影分析可知,该立体是用长方体切去前上方的四棱柱后,再用正垂面斜截左半部分后形成的。绘图时先用坐标法画出长方体,然后逐步切去各个部分,绘图步骤如下。

步骤 1 形体分析,建立坐标系,画轴测图,如图 4-31(a)所示。

步骤 2 根据视图尺寸,画出长方体正等轴测图,如图 4-31(b)所示。

步骤 3 按切口部分尺寸切去前上部分四棱柱,如图 4-31(c)所示。

步骤 4 根据求截交线方法画出斜截正垂面的轴测图,根据视图上尺寸确定截平面与各棱线的交点 I_1、II_1、III_1、IV_1、V_1、VI_1,依次连接各点,如图 4-31(d)所示。

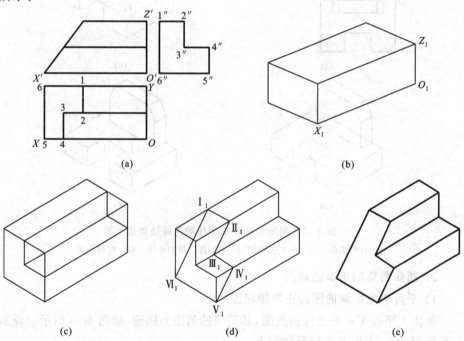

图 4-31 切割法画立体的正等轴测图

(a) 定坐标 (b) 画长方体 (c) 切去前上部分四棱柱

(d) 画与投影面垂直的斜截面 (e) 整理、完成全图

步骤 5 擦去多余图线，整理、完成全图，如图 4-31(e)所示。

3）堆积法

用形体分析法将物体分成几个简单部分，将各部分的正等轴测图按它们之间的相对位置组合起来，并画出各表面之间的连接关系，即得物体的正等轴测图。

例 4-10 作出图 4-32(a)所示形体的正等轴测图。

解 从投影分析可知，该形体是由底板和立板堆积而成，所以绘图时先画底板，然后再画立板，即可画出该形体的轴测图，作图步骤如下。

步骤 1 形态分析，定坐标，如图 4-32(a)所示。

步骤 2 画底板的轴测图，如图 4-32(b)所示。

步骤 3 画立板的轴测图，如图 4-32(c)所示。

步骤 4 擦去多余图线，完成全图，如图 4-32(d)所示。

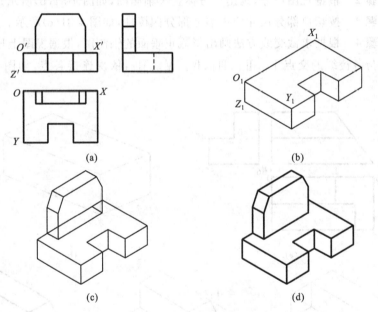

图 4-32　用堆积法绘制物体的正等轴测图

(a) 分析形体　(b) 画底板轴测图　(c) 画立板轴测图　(d) 整理全图

3. 圆和圆角的正等轴测图

1）平行于坐标面的圆的正等轴测图

物体上平行于三个坐标面的圆，其正等轴测图为椭圆，如图 4-33 所示。椭圆长短轴的大小、方向及近似画法如下。

(1) 椭圆长短轴的大小采用简化轴向伸缩系数时，长轴 $\approx 1.22d$，短轴 $\approx 0.7d$（d 为圆的直径）。

(2) 椭圆长短轴的方向确定如下。

平行于 XOY 坐标面的圆（水平圆）在正等轴测图中，椭圆长轴垂直于 O_1Z_1 轴，短轴平行于 O_1Z_1 轴。

平行于 XOZ 坐标面的圆（正平圆）在正等轴测图中，椭圆长轴垂直于 O_1Y_1 轴，短轴平行于 O_1Y_1 轴。

平行于 YOZ 坐标面的圆（侧平圆）在正等轴测图中，椭圆长轴垂直于 O_1X_1 轴，短轴平行于 O_1X_1 轴。

（3）用四心法近似画椭圆　绘图时，为简化作图，通常采用 4 段圆弧连接成近似椭圆的作图方法。如图 4-34 所示。以 XOY 坐标面上的圆为例，说明这种近似画法的作图步骤。

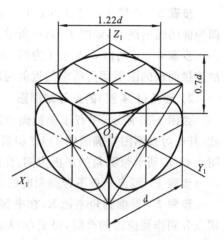

图 4-33　平行于坐标面的圆的正等轴测图

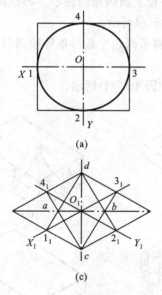

(a)

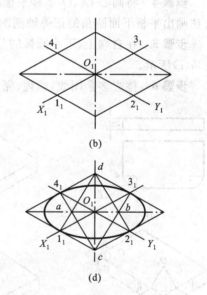

(b)

(c)　　　　　　　　　(d)

图 4-34　平行于坐标面的圆的正等轴测图——近似椭圆的画法

(a) 选坐标作圆外切正方形　(b) 作正方形轴测图及对角线

(c) 定椭圆的 4 个圆心　(d) 分别画出 4 段圆弧并连成近似椭圆

步骤 1　定坐标，画圆的外切正方形，与圆相切于 1、2、3、4 点，如图 4-34（a）所示。

步骤 2　画轴测轴，在 O_1X_1、O_1Y_1 轴上截取 $O_11_1=O_12_1=O_13_1=O_14_1=R$，过 1_1、2_1、3_1、4_1 分别作 O_1X_1、O_1Y_1 轴的平行线，得圆外切正方形的轴测图菱形，如图 4-34（b）所示。

步骤 3　连接 1_1d、2_1d、3_1c、4_1c，分别交菱形对角线于 a、b 两点，a、b、c、d 点即为椭圆弧的圆心，如图 4-34(c) 所示。

步骤 4　分别以 a、b、c、d 为圆心，$a1_1$、$b3_1$、$c4_1$、$d2_1$ 为半径画弧，4 段圆弧光滑连接而成的图形即为所求的近似椭圆，如图 4-34(d) 所示。

2) 圆角(1/4 圆)的正等轴测图

如图 4-35 所示，平行于坐标面的圆角可看成是平行于坐标面的圆的 1/4，因此，其正等轴测图是椭圆的 1/4。但通常不画出整个椭圆而采用简化画法。现以图 4-35(a) 所示带圆角的平板为例，介绍作图步骤。

步骤 1　画出平板不带圆角时的正等轴测图，如图 4-35(b) 所示。

步骤 2　根据圆角半径 R，在平面上面的边上找出切点 I_1、II_1、III_1、IV_1，过切点分别作相应边的垂线，得交点 O_1、O_2，如图 4-35(c) 所示。

步骤 3　以 O_1 为圆心，$O_1\text{I}_1$ 为半径作圆弧 $\overarc{\text{I}_1\text{II}_1}$；以 O_2 为圆心，$O_2\text{III}_1$ 为半径，作圆弧 $\overarc{\text{III}_1\text{IV}_1}$，即得平板上面圆角的正等轴测图，如图 4-35(d) 所示。

步骤 4　将圆心 O_1、O_2 下移平板高度，得平板下面圆角的圆心。再以同样的方法画出平板下面圆角的正等轴测图，如图 4-35(e) 所示。

步骤 5　在右端上、下小圆弧的公切线，即得带圆角平板的正等轴测图，如图 4-35(e) 所示。

步骤 6　擦去多余图线，整理、完成全图，如图 4-35(f) 所示。

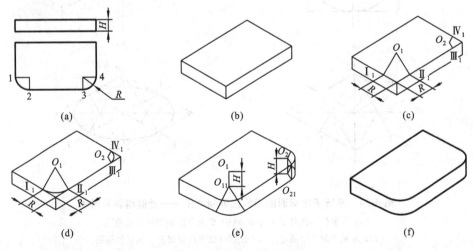

图 4-35　圆角的正等轴测图

4. 曲面立体的正等轴测图

画曲面立体的正等轴测图时，应先用四心法画出曲面立体上平行于坐标面的正等轴测图，然后再画出其余部分。

例 4-11　如图 4-32(a) 所示，作圆柱体的正等轴测图。

160

解 作图步骤如下。

步骤 1 定坐标,如图 4-36(a)所示。

步骤 2 画轴测轴及顶、底面的椭圆,如图 4-36(b)所示。

步骤 3 作顶、底面椭圆的公切线,擦去多余图线,整理完成全图,如图 4-36 (c)所示。

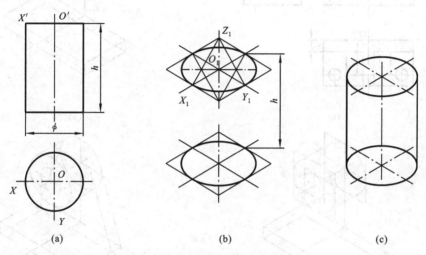

| (a) | (b) | (c) |

图 4-36 圆柱体的正等轴测图

5. 组合体正等轴测图的画法

画组合体的正等轴测图时,与画组合体的三视图一样,首先进行形体分析,分析组合体的构成及表面连接关系,然后再作图。作图时,可先画出基本形体的轴测图,再根据切割法和堆积法完成全图。

例 4-12 画出如图 4-37(a)所示轴承座的正等轴测图。

解 分析视图可知,轴承座是由底板、圆柱筒、支承板、肋板等 4 部分组成。具体作图步骤如下。

步骤 1 形体分析,确定坐标,如图 4-37(a)所示。

步骤 2 画轴测轴,画底板的轴测图,并确定圆筒前后端面的圆心 O_{11}、O_{21},如图 4-37(b)所示。

步骤 3 画圆筒的轴测图,先画前后端面的椭圆,再作前后椭圆的公切线,如图 4-37(c)所示。

步骤 4 画支承板的轴测图,在底板上沿 Y_1 轴方向确定支承板的厚度尺寸 f,再画与圆筒的交线,如图 4-37(d)所示。

步骤 5 画出肋板及底板上圆角的轴测图,如图所 4-37(e)示。

步骤 6 画底板上圆孔的轴测图,擦去多余图线,整理,完成全图,如图 4-37 (f)所示。

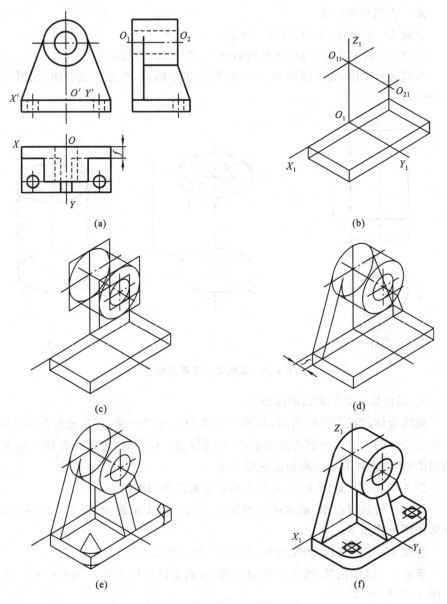

图 4-37　轴承座的正等轴测图

（a）形体分析,定坐标　（b）画底板轴测图并确定中心位置　（c）画圆筒的轴测图　（d）画支承板的轴测图

（e）画肋板及底板圆角的轴测图　（f）画底板上圆孔的轴测图,完成全图

4.6.5　斜二等轴测图

1. 斜二等轴测图的形成及轴间角和轴向伸缩系数

当 XOZ 坐标面平行于轴测投影面时,投射线对轴测投影面倾斜,即可得到

实物的斜二等轴测图,简称斜二测图,如图 4-28 (b)所示。

斜二等轴测图的轴间角 $\angle X_1 O_1 Z_1 = 90°$,$O_1 Y_1$ 与水平线夹角为 45°,轴向伸缩系数 $p_1 = r_1 = 1$,$q_1 = 0.5$,如图 4-38 所示。

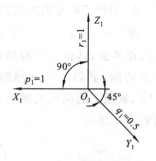

图 4-38 斜二等轴测图的轴间角

2. 斜二等轴测图的画法

斜二等轴测图由于 $p_1 = r_1 = 1$,所以在 $X_1 O_1 Z$ 面的形状反映物体的实形,因此,可使物体形状比较复杂、有圆或圆弧的一面放置成与 $X_1 O_1 Z$ 面平行的方向,这时采用斜二等轴测图简单方便。

斜二等轴测图画法与正等轴测图画法相似。要注意的是,$O_1 Y_1$ 轴方向的伸缩系数 $q_1 = 0.5$,画图时沿 $O_1 Y_1$ 轴方向的长度应取物体上实际长度的一半。

例 4-13 画如图 4-39(a)所示平面立体的斜二等轴测图。

作图步骤如下。

步骤 1 定坐标,画轴测轴。

步骤 2 按坐标画出立体前面的斜二等轴测图,如图 4-39(b)所示。

步骤 3 沿 $O_1 Y_1$ 轴反方向按 $0.5b$ 画出各棱线的斜二等轴测图,确定立体后表面各顶点,如图 4-39(c)所示。

步骤 4 连接各点,检查加深,完成全图,如图 4-39(d)所示。

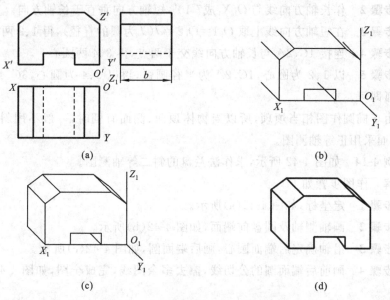

(a)

(b)

(c)

(d)

图 4-39 平面立体的斜二等轴测图

3. 平行于坐标面的圆的斜二等轴测图的画法

图 4-40 所示为平行于坐标面的圆的斜二等轴测图。其中平行于 X_1O_1Z 坐标面的圆，其斜二等轴测图投影反映圆的实形；平行于 X_1O_1Y 和 Y_1O_1Z 坐标面的圆，其斜二等轴测图投影均为椭圆。顶面上椭圆长轴对 O_1X_1 轴偏转 $7°10'$，侧面上的椭圆长轴对 O_1Z_1 轴偏转 $7°10'$，短轴垂直于长轴，长轴 $\approx 10.7d$，短轴 $\approx 0.33d$。

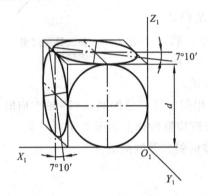

图 4-40　平行于坐标面圆
的斜二等轴测图

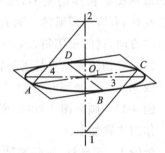

图 4-41　平行于 XOY 坐标面
圆的斜二等轴测图

如图 4-41 所示，平行于 X_1O_1Y 平面椭圆的作图步骤如下。

步骤 1　作出该水平圆外切正方形的斜二等轴测图，得各边中点 A、B、C、D。

步骤 2　作长轴方向线与 O_1X_1 成 $7°10'$，短轴方向垂直于长轴方向。

步骤 3　在短轴方向线上取 $O_12=O_12=d$（d 为圆的直径），得 1、2 两圆心。

步骤 4　连接 $1C$、$2A$ 与长轴方向线交于两点，得 3、4 两圆心。

步骤 5　以 1、2 为圆心，$1C$、$2A$ 为半径画弧，再以 3、4 为圆心，$3C$、$4A$ 为半径画弧即可。

由于椭圆作图相当烦琐，所以当物体顶面、侧面有圆时，一般不用斜二等轴测图，而采用正等轴测图。

例 4-14　如图 4-42 所示，求作法兰盘的斜二等轴测图。

解　作图步骤如下。

步骤 1　定坐标，如图 4-42(a)所示。

步骤 2　画轴测轴及圆盘前端面，如图 4-42(b)所示。

步骤 3　沿轴确定后端面圆心，画后端面圆，如图 4-42(c)所示。

步骤 4　画前后端面圆的公切线，擦去多余图线，完成全图，如图 4-42(d)所示。

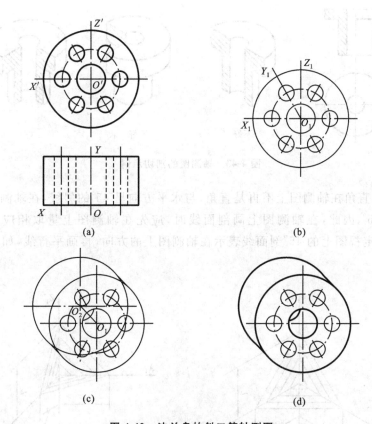

图 4-42　法兰盘的斜二等轴测图
（a）定坐标　（b）画圆盘的前端面　（c）画圆盘的后端面
（d）作前后端面圆的公切线，完成全图

4.6.6　轴测图中的剖切画法

1. 轴测图上剖切画法的有关规定

1）轴测图的剖切方法

在画机件的轴测图时，也可以用剖切的方式表达它们的内部结构。一般选用平行于坐标面的剖切平面剖切机件。设置剖切平面时，应使剖切后的图形清晰，立体感强，尽量不采用一个剖切平面将整个机件剖开，或强调与视图上的剖切方法相一致而选用不合理的剖切平面，如图 4-43 所示。

2）剖面符号的画法

在画剖开的轴测图时，在剖切平面与机件相接触的剖面上，同样需画上剖面符号，表示金属的剖面符号是在剖面上画出与水平线呈 45°的平行细实线。由于

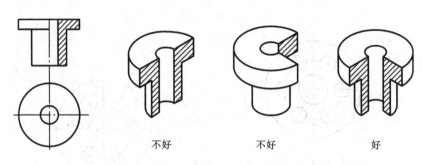

不好　　　　　　　不好　　　　　　　好

图 4-43　轴测图的剖切示例

视图上的直角在轴测图上不再是直角，与水平方向呈 45°的斜线，在轴测图上也不再是 45°，因此，在轴测图上画剖面线时，应先在轴测图上量取相应的单位长，以确定视图上的 45°剖面线表示在轴测图上的方向，再画平行线，如图 4-44 所示。

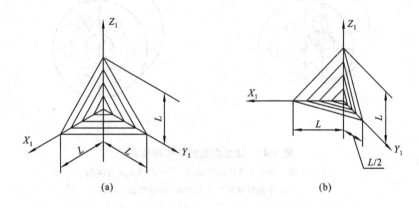

(a)　　　　　　　　　　　　　(b)

图 4-44　轴测图上剖面线的画法
(a) 正等轴测图剖面线的画法　(b) 斜二等轴测图剖面线的画法

2. 轴测图的剖切画法

（1）先画外形再剖切　　根据视图，先画出机件完整的轴测图，然后选择适当的剖切剖面，将机件剖开。通常用平行于坐标面的剖面剖切，如图 4-45 所示。

（2）先画剖面形状，后画外形　　这种方法是先画出被剖切后机件剖面图形的轴测图，然后根据需要画出可见轮廓部分，如图 4-46 所示。这种画法作图线较少，作图迅速，对于内部形状复杂的机件更为适合，但必须对空间层次了解清楚，作图方法比较熟练时，才能保证作图顺利无误。

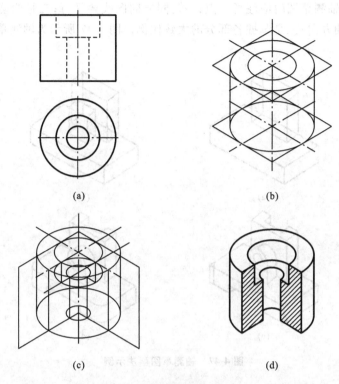

(a)   (b)

(c)   (d)

图 4-45　轴测图的剖切画法一

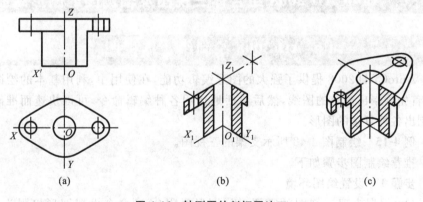

(a)   (b)   (c)

图 4-46　轴测图的剖切画法二

4.6.7　徒手绘轴测草图

　　徒手绘轴测草图时,作图原理和过程与尺规绘轴测图是一样的。在学习投影制图过程中,常常借助轴测草图表达空间构想的模型。在产品开发、技术交流和产品介绍等过程中,也经常用到轴测草图,因此轴测草图时表达设计思想的有效工具之一。

在绘制轴测草图时应注意三点：一是同方向图线要平行；二是明确不同方向圆的长、短轴方向；三是掌握各部分的大致比例。图 4-47 所示为轴测草图画法示例。

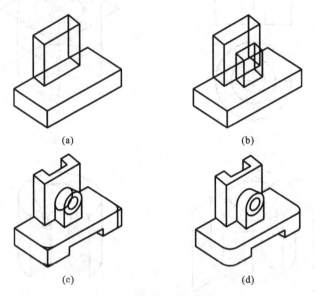

(a) (b)

(c) (d)

图 4-47 轴测草图画法示例

4.7 AutoCAD 2008 组合体三视图及轴测图的图形绘制

4.7.1 AutoCAD 2008 绘制组合体视图

AutoCAD 2008 提供了强大的图形编辑功能，在使用中，利用基本的绘图命令，首先绘制出简单的图线，然后灵活地运用各种编辑命令，可以快速而准确地绘制出各种复杂的图形。

例 4-15 绘制图 4-48 所示支架的三视图。

推荐绘制图步骤如下。

步骤 1 设置绘图环境。

(1) 根据支架三视图的需要，用"图形界限（A）"命令设置图形界限为 297 mm×210 mm，用"缩放（Z）"命令的"A"选项全屏幕显示图幅范围，设置单位精度为米制，方法同前。

(2) 单击图层工具栏中的"图层特性管理器" 图标按钮，设置图层为四层。Main 层为黄色，线型为 Continue，线宽为 0.4，用于画可见轮廓线；Center 层为红色，线型为 Center，线宽为 0.18，用于画对称线、中心线；Hidden 层为绿色，线型为 Hidden 线，线宽为 0.18，用于画细虚线；Thin 层为蓝色，线型为

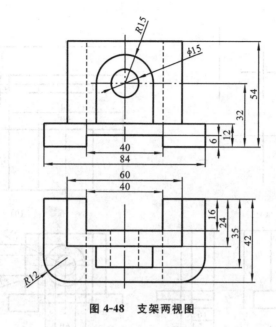

图 4-48 支架两视图

Continue,线宽为 0.18,用于绘制图中的细实线;0 层为原有层,保持不变,以备用。

步骤 2 布置各视图的位置。

(1) 设置 Center 为当前层,打开"正交模式"(F8)。

(2) 单击绘图工具栏中的 ╱(直线)图标按钮,画出主、俯视图中的对称中心线。

(3) 设置 Main 层为当前层,绘制俯视图和左视图的后侧定位线,如图 4-49 (a)所示。

步骤 3 绘制底板三视图。

(1) 单击修改工具栏中的 ᗢ(偏移)图标按钮。

命令:offset

当前设置:删除源 = 否 图层 = 当前 OFFSETGAPTYPE = 0

指定偏移距离或[通过(T)/删除(E)/图层(L)]〈0.000 0〉:L(设置偏移对象的图层)

输入偏移对象的图层选项[当前(C)/源(S)]〈当前〉:C(将对象偏移后放置在当前图层)

指定偏移距离或[通过(T)/删除(E)/图层(L)]〈0.000 0〉:32

选择要偏移的对象,或[退出(E)/放弃(U)]〈退出〉:选择主视图水平基准线

指定要偏移的那一侧上的点,或[退出(E)/多个()/放弃(U)]〈退出〉:在基准线上方单击

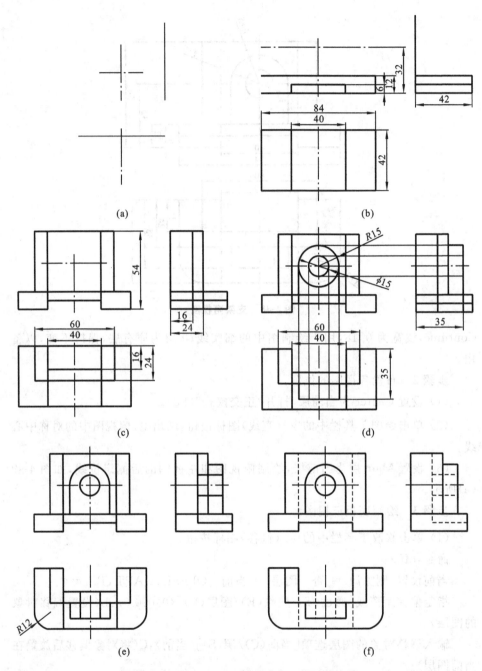

图 4-49　用 AutoCAD 绘制支架三视图的步骤

选择要偏移的对象，或[退出(E)/放弃(U)]〈退出〉；回车

⋮

继续操作，分别设置偏移距离为 6、12、40、42、84，绘制出底板的各段图线。

（2）单击修改工具栏中的 ⊸⁄⋯（修剪）和 ⋯⁄（延伸）图标按钮，对图形中的
线条进行剪切和延伸编辑，如图 4-49（b）所示。

步骤 4 绘制竖板三视图。

首先单击修改工具栏中的"偏移"图标按钮，绘制竖板的基本轮廓，然后单击
修改工具栏中的"修剪"和"延伸"图标按钮，对图线进行修剪、整理。方法同上，
绘制过程如图 4-49（c）所示。

步骤 5 绘制半圆头凸台三视图。

（1）单击绘图工具栏中的 ⊘（圆）图标按钮，绘制 $\phi15$、$R15$ 两个圆。

（2）运用修剪工具栏中的"偏移"和绘图工具栏中的"直线"图标按钮，绘制半
圆头凸台的其余轮廓线，借助"对象捕捉"功能，可以快速准确地绘图，如图 4-49
（d）所示。

步骤 6 倒圆角，修剪图形。

（1）单击修改工具栏中的 ⌐（圆角）图标按钮，设置圆角半径为 $R12$，对底板
的俯视图进行倒圆角。

（2）单击修改工具栏中的"修剪"图标按钮，对图线进行修剪整理，方法同上，
如图 4-49（e）所示。

步骤 7 检查图形，修改图线，整理完成全图。

（1）修改线型 选中需要修改的线段后点击鼠标右键，在弹出的快捷菜单中
选取"对象特性管理器"，在管理器中更换图线的图层。

（2）最后删除所有参照线等多余的线，打开状态栏中的"线宽"显示，得到的
图形如图 4-49（f）所示。

步骤 8 存盘。

选择"文件（F）"下拉菜单中的"另存为（A）"菜单项，将图形以合适的文件名
存盘。

4.7.2 AutoCAD 2008 绘制正等轴测图

用户可以利用 AutoCAD 2008 提供的轴测投影模式方便地绘制直线、圆和
圆弧的正等轴测图，且 AutoCAD 2008 的大多数命令并不受轴测投影模式的影
响。当轴测投影模式被激活时，系统自动调整"状态栏"内各项功能为正等轴测
形式，即以正等轴测平面为参考坐标，并保持其原有的功能。

在 AutoCAD 2008 中，轴测投影模式分别显示左平面（left）、上平面（top）、右
平面（right）三个坐标面的正等轴测投影，如图 4-50 所示。用户可利用
ISOPLANE 命令或 F5 功能键实现上述各正等轴测平面状态间的切换。

在正等轴测平面状态下，打开系统的栅格捕捉和正交模式，用户可借助
AutoCAD 的定标设备，方便绘制出立体在指定坐标面上的正等轴测投影，如绘

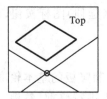
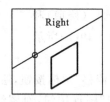
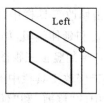

图 4-50　AutoCAD 的三种等轴测轴

制轴测轴方向的直线，看在正交模式下由光标指示方向，键盘直接输入线段长度。其他方向的图线要求精确绘制时，坐标输入方法同前，此时应注意各轴测轴的角度。利用坐标输入绘图，不受正等轴测平面状态的限制，但在绘制坐标面上圆的轴测投影时，必须切换至相应的正等轴测平面状态，选择"椭圆"命令的"等轴测圆（I）"选项，绘制出该圆的轴测投影。

4.7.3　正等轴测投影模式的设置

选择"工具"菜单中的"草图设置（F）"菜单项，如图 4-51 所示，或者右键单击"状态栏"中的"捕捉"、"栅格"等按钮，在弹出的菜单栏里选择"设置（S）"菜单项，此时屏幕弹出如图 4-52 所示的"草图设置"对话框，在对话框的"捕捉类型"区域内选中"等轴测捕捉"单选项，即进入正等轴测投影模式。绘图中，随时按 F5 功能键，即可进行各正等轴测平面状态间的切换。当轴测图绘制完毕，应选择"草图设置"对话框中"捕捉类型"区域的"矩形捕捉"单选项，恢复为普通的正交状态，以便于在图形中进行文字标注。

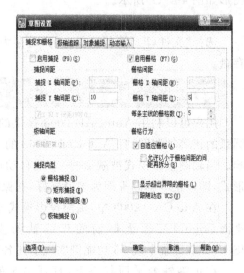

图 4-51　"工具"菜单　　　　　　　　　　图 4-52　"草图设置"对话框

4.7.4 利用 AutoCAD 2008 命令作组合体的正等轴测图

例 4-16 绘制图 4-48 所示支架的正等轴测图。

推荐绘图步骤如下。

步骤 1 设置绘图环境。

(1) 用"图形界限(A)"命令设置图形界限为 297 mm×210 mm,用"缩放(Z)"命令的"A"选项选择全屏幕显示图幅范围,设置单位精度为米制,方法同前。

(2) 单击图层工具栏中 ▒ (图层特性管理器)图标按钮,设置图层为四层。Main 层为黄色,线型为 Continue,线宽为 0.4,用于画可见轮廓线;Center 层为红色,线型为 Center,线宽为 0.18,用于画对称线、中心线;Thin 层为蓝色,线型为 Continue,线宽为 0.18,用于绘制图中的细实线;0 层为原有层,保持不变,以备用。

步骤 2 绘制底板的轴测投影。

(1) 打开"草图设置"对话框,设置当前模式为正等轴测模式,选择为"上平面"状态。

(2) 设置 Main 层为当前层,打开正交模式。按照底板 84 mm×42 mm 的尺寸 1:1 作图,画出底板上表面矩形的轴测投影。

(3) 选择"格式"菜单中的"点样式(P)"菜单项,在打开的对话框中更改点的样式,使之在屏幕上面清晰可见;然后选择绘图菜单中的"点(O)"子菜单中的"定距等分(M)"菜单项,按照系统的提示,指定线段长度为 12,由 B、C 点处测量出相邻两条边上圆角的切点,激活"对象捕捉"功能,过各切点(单点捕捉)作对应平行线的垂线;并分别以相邻两垂线的交点 O_1、O_2 为圆心,O_1、O_2 到相应切点的距离为半径,利用"圆弧"命令绘制出底板上圆角的投影,修剪多余线段,如图 4-53(a)所示。

(4) 将图中绘制的底板上表面向下复制 12 单位,并绘制底板高度的轮廓线,如图 4-53(b)所示。

(5) 修剪并擦除不可见及不需要的线段,如图 4-53(c)所示。

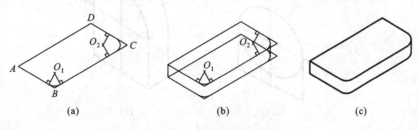

(a)　　　　　　　　(b)　　　　　　　　(c)

图 4-53 绘制底板的步骤

步骤 3 绘制开槽四棱柱体的轴测投影。

（1）根据三视图的尺寸，首先画出四棱柱顶面轮廓（尺寸为 60×24）的轴测投影 EFGH，再使用"偏移"命令偏移线段 EF、FG、GH，以确定槽口的位置及形状，如图 4-54(a)所示。

（2）使用"修剪"命令修剪掉图中不需要的线段，将画好的顶面向下复制（42），如图 4-54(b)所示。

（3）连接顶面与底面间的可见棱线，然后修剪掉不可见轮廓线，如图 4-54(c)所示。

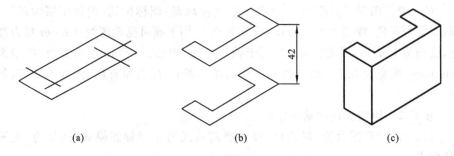

(a)　　　　　　　(b)　　　　　　　(c)

图 4-54　绘制开槽棱柱体的步骤

步骤 4 绘制半圆头凸板的轴测投影。

（1）按功能键 F5，使系统转换为正等轴测右平面状态。然后选择 Center 层为当前层，在正交状态下，运用"直线"命令在适当位置处画出图 4-55(a)中的 X_1、Y_1 轴测轴。

（2）再将当前层重新设置为 Main 层，单击绘图工具栏中 ⬭（椭圆）图标按钮。选择其"等轴测圆(I)"选项，捕捉轴测轴交点为圆心，输入半径值 15，绘制出凸板上部的椭圆。

（3）通过"直线"命令，并利用"交点捕捉"功能，绘制线段 20、30、20，作出半圆头凸板前表面外形轮廓的轴测投影，如图 4-55(a)所示。

（4）按功能键 F5，使系统转换为正等轴测左平面状态。复制图 4-55(a)，沿

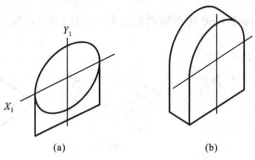

(a)　　　　　　　　　(b)

图 4-55　绘制半圆头凸板的步骤

坐标方向后移 11 个单位长度。

(5) 使用"直线"命令连接半圆头凸板前、后表面的可见轮廓线,再利用"修剪"命令将图形中多余的线段修剪掉,最后得出半圆头凸板正等轴测图,如图 4-55(b)所示。

步骤 5 完成整个组合体正等轴测图的绘制。

(1) 选择"偏移"命令,设置距离分别为 24、35,绘制底板厚轮廓线的平行线,选择"直线"命令,"捕捉中点"绘制底板左右中线,确定开槽四棱柱体好半圆头凸板的定位点,如图 4-56(a)所示。

(2) 选择"移动"命令,平移开槽四棱柱和半圆头凸板,捕捉其底部中点定位,叠加组合,如图 4-56(b)所示。

(3) 绘制半圆头凸板前表面圆孔的轴测投影椭圆,方法同前。

(4) 使用"偏移"命令和"直线"命令,绘制底板底部的方槽。

(5) 最后修剪擦除不必要的线段,并打开"状态行"的"线宽"显示功能,显示各线型的线宽,完成全图,如图 4-56(c)所示。

步骤 6 检查、存盘。

选择"文件(F)"下拉菜单中的"另存为(A)"菜单项,将图形以合适的文件名存盘。

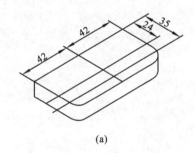
(a)
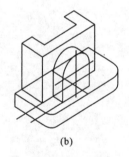
(b)
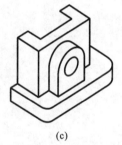
(c)

图 4-56 完成组合体轴测图

本 章 小 结

(1) 对组合体进行形体分析时,不仅要分析组合方式,还要分析各基本体之间的相对位置和大小关系,分析邻接面之间是否相交、相切或共面。

(2) 画组合体三视图,主视图的选择一定要尽可能反映立体的基本形状特征及各组成部分之间的相对位置,尽可能减少各视图中的虚线。画图时特别要注意三视图间的"长对正、高平齐、宽相等"的投影特性,注意邻接表面处于不同情况时的画法。

(3) 组合体的读图。形体分析法是最基本的方法,关键是正确划分线框并对准投影。运用线面分析法时，要注意面、线的投影特征及邻面、邻线间的关系。读图时，一定要反复对照视图和所想象的立体。

（4）组合体尺寸的标注，一定要分步骤标注出各基本体的定形、定位尺寸和组合体的总体尺寸，否则难以做到尺寸齐全。

（5）正等轴测图三轴的轴向简化变形系数均为 1，轴间角均为 120°。位于坐标平面的圆的正等测轴测图，一般采用菱形法。

（6）如何运用 AutoCAD 2008 的软件正确绘制组合体三视图和正等轴测图。

第章

5

机件的表达方法

本章提要

　　"机械制图"与"技术制图"国家标准关于图样画法的总则中规定：绘制机械图样时,应首先考虑看图方便;根据机件的结构特点,选择适当的表达方法;在准确、完整、清晰地表达机件各部分内、外结构形状的前提下,力求制图简便。本章根据相关国家标准的规定,主要介绍视图、剖视图、断面图及其他画法等工程图样的常用表达方法及应用,使工程图样的表达更清晰、简洁、方便。

5.1　视　　图

　　机械零部件统称为机件。由于机件的形状和结构复杂多样,按照三视图的表达方法,常常因细虚线过多而无法准确清晰地表达出机件各个方向的结构、形状及其位置。因此,国家标准《技术制图　图样画法　视图》(GB/T 17451—1998)和《机械制图　图样画法　视图》(GB/T 4458.1—2002)规定了视图表达方法。视图是机件向投影面投影所得的图形机件的可见部分,必要时才画出其不可见部分。视图分为:基本视图、向视图、局部视图和斜视图。

5.1.1　基本视图

　　机件向基本投影面投射所得到的视图称为基本视图。

　　对于形状和结构复杂的机件,当用两个或三个视图尚不能完整、清晰表达时,经常需要用到更多的视图。此时,则可根据国际规定,在原有的三个投影面的基础上,再增设三个投影面,组成一个正六面体方盒,这六个投影面称为基本投影面,六个投影面按规定的方向旋转展开,如图5-1(a)所示。按第一角画法,

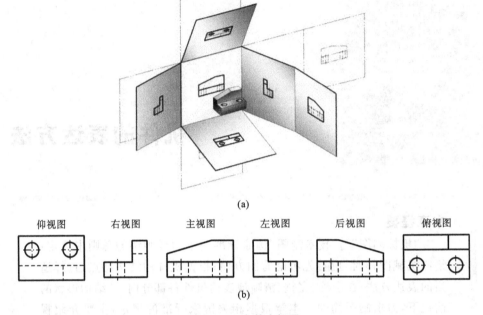

(a)

仰视图　　　右视图　　　主视图　　　左视图　　　后视图　　　俯视图

(b)

图 5-1　六个基本视图

（a）基本视图展开方式　（b）视图的配置

机件向基本投影面投影，得到六个基本视图，如图 5-1（b）所示。六个视图之间仍应符合"长对正、高平齐、宽相等"的投影规律。除后视图外，各视图靠近主视图里侧，均反映机件的后面，而远离主视图的外侧，均反映机件的前面。

（1）右视图　从右向左投射得到的视图。

（2）仰视图　从下向上投射得到的视图。

（3）后视图　从后向前投射得到的视图。

实际绘图时，并不是每一个机件都要画六个基本视图，而是根据机件的复杂程度，选用适当的基本视图。基本视图选用的数量与机件的复杂程度和结构形式有关。基本视图的选用次序：一般是先选用主视图，其次是俯视图或左、右视图的选用；只有形体六个方向看到的外形都不同时才用六个基本视图。

5.1.2　向视图

从某一方向投射所得到的视图称为向视图。

向视图是可以自由配置的视图。若六视图不按上述位置配置时，也可用向视图自由配置。即在视图的上方标注出视图的名称，并在相应的视图附近用箭头指明投射方向，标注上相同的字母，如 A、B、C 等。如图 5-2 所示。

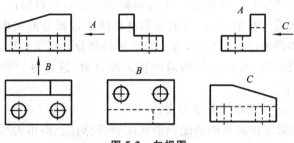

图 5-2   向视图

5.1.3   局部视图

　　如果机件的主要形状已在基本视图上表达清楚,只有某一部分形状尚未表达清楚。这时,可将机件的某一部分向基本投影面投射,所得的视图称为局部视图,如图 5-3 所示。

　　画局部视图时应注意以下几个方面。

　　(1) 局部视图可按基本视图的配置形式配置;也可按向视图的配置形式配置,如图 5-3 中 A 向视图和 B 向视图。

　　(2) 标注的方式是用带字母的箭头指明投射方向,并在局部视图上方用相同字母注明视图的名称,如图 5-3 所示。

　　(3) 局部视图的周边范围用波浪线表示,如图 5-3 中 A 向视图。但若表示的局部结构是完整的,且外形轮廓又是封闭的,则波浪线可省略不画,如图 5-3 中 B 向视图。

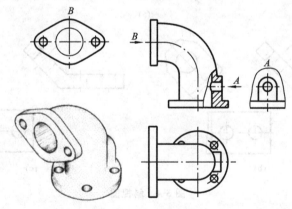

图 5-3   局部视图

5.1.4   斜视图

　　机件向不平行于任何基本投影面的平面投射所得到的视图称为斜视图。

　　倾斜部分的上下表面均是正垂面,由于它对其他几个投影面都是倾斜的,因

179

此其投影都不反映实形。现设置一个与倾斜部分平行的投影面 P，再将倾斜部分向这个投影面进行投射，所得到的视图就反映了该部分的实形。这种当机件上有倾斜于基本投影面的结构时，为了表达倾斜部分的真实外形，设置一个与倾斜部分平行的投影面，将倾斜结构向该投影面投射，这样得到的视图就是斜视图，如图 5-4 所示。

画斜视图时应注意以下几个方面。

（1）斜视图通常按向视图的配置形式配置并标注。即用大写拉丁字母及箭头指明投射方向。且在斜视图上方用相同字母注明视图的名称，如图 5-4（b）所示。

（2）斜视图只要求表达倾斜部分的局部形状，其余部分不必画出，可用波浪线表示其断裂边界。

（3）必要时，允许将斜视图旋转配置。表示该视图名称的大写拉丁字母应靠近旋转符号的箭头端，如图 5-4（c）所示。

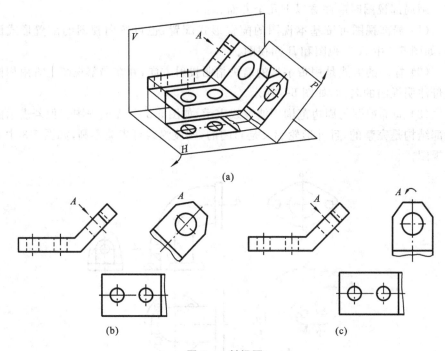

(a)

(b)   (c)

图 5-4　斜视图

例 5-1　图 5-5 所示为斜轴承座，用斜视图表达。

它和轴承盖的结合面倾斜于底板，为一正垂面，在俯视图和左视图中都不反映实形，表达得不够清楚，画图又较困难，读图也不方便。为了清晰地表达斜轴承座的倾斜结构，设置一个平行于倾斜结构的正垂面作为新投影面，将倾斜结构按垂直于新投影面的方向 A 作投影，就可得到反映它的实形的视图，如图 5-5

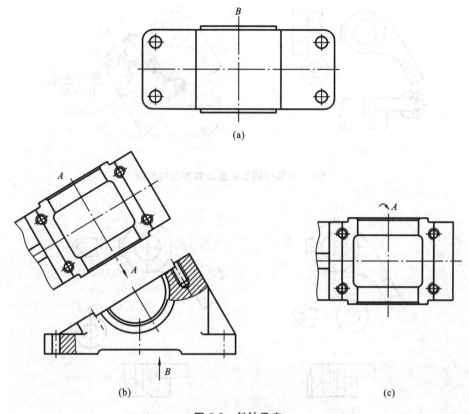

(a)

(b)　　　　　　　　　　　　　　　　　　　　　(c)

图 5-5　斜轴承座

(b)所示。因为所画的斜视图只是为了表达它们的倾斜结构的局部形状,所以画出实形后,就可以用波浪线断开,不画视图的其他部分,成为一个局部的斜视图。

5.1.5　应用举例

以上介绍了基本视图、向视图、局部视图和斜视图,在实际画图时,并不是每个机件的表达方案中都有这四种视图,而应根据表达需要灵活选用。

如图 5-6(a)所示为压紧杆的三视图。由于压紧杆左端耳板是倾斜的,所以俯视图和左视图都不反映实形,画图比较困难,表达不清楚,为了清晰表达倾斜结构,可按图 5-6(b)所示在平行于耳板的正垂面上作出耳板的斜视图,以反映耳板的实形。因为斜视图只是表达压紧杆倾斜结构的局部形状,所以画出耳板的实形后,用波浪线断开,其余部分的轮廓不必画出。

如图 5-7 所示为压紧杆的两种表达方案。

方案一　如图 5-7(a)所示,采用一个基本视图(主视图),一个斜视图(A)和两个局部视图(B 和 C)。

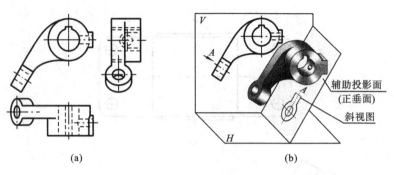

图 5-6　压紧杆的三视图及斜视图的形成

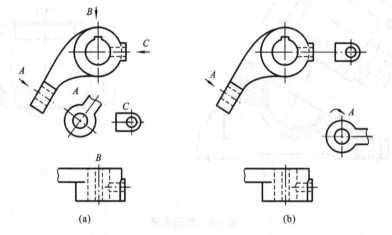

图 5-7　压紧杆的两种表达方案
（a）方案一　（b）方案二

方案二　如图 5-7（b）所示，采用一个基本视图（主视图），一个配置在俯视图位置上的局部视图（不必标注）、一个旋转配置的斜视图 A，以及画在右端凸台附近的，按第三角画法（本书 5.5 节）配置的局部视图（用细点画线连接，不必标注）。

比较压紧杆的两种表达方案，显然，方案二的视图布置更加紧凑。

5.2　剖　视　图

当机件内部比较复杂时，用视图来表达就会出现许多虚线，如图 5-8（a）所示，这样给看图和标注尺寸都带来了不便。因此，为了清楚地表达机体的内形，国家标准《技术制图　图样画法　剖视图和断面图》（GB/T 17452—1999）规定了剖视图的画法，现介绍如下。

5.2.1　剖视图的概念及标注

1. 剖视图的概念

为表达机件的内部结构,用假想剖切面剖开如图 5-8(a)所示的机件,将处在观察者与剖切平面之间的部分移去,而将其余部分向投影面投射所得到的视图称为剖视图,简称剖视。剖视图的形成过程如图 5-8(b)、(c)所示。图 5-8(d)中的主视图即为机件的剖视图。

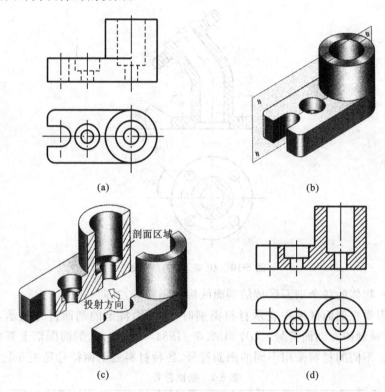

图 5-8　剖视图的形成

(a) 主视图中虚线较多　(b) 剖切面剖开支座
(c) 将支座后半部分进行投射　(d) 主视图为剖视图

2. 剖面的符号

假想剖切面与机件接触的部分称为剖面。机件被假想剖切面剖开后,剖切面与机件的接触部分(即剖面区域)要画出与材料相应的剖面符号,以便区别机件的实体与空腔部分,如图 5-8(d)中的主视图所示。

当不需要在剖面区域中表示材料的类别时,剖面符号可采用通用的剖面线表示。通用剖面线为间隔相等的平行细实线,绘制时最好与图形主要轮廓线或剖面区域的对称线呈 45°,如图 5-9 所示。

当图形中的主要轮廓线与水平线呈 45°时,该图形的剖面线应画成与水平线呈 30°或 60°的平行线,其倾斜方向应与其他图形的剖面线一致,如图 5-10 所示。

   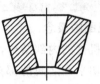

图 5-9   剖面线的方向

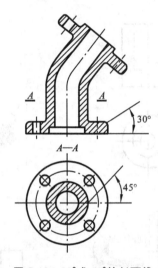

图 5-10   30°或 60°的剖面线

同一物体的各个剖面区域的剖面线应间隔相等,方向一致。

当需要在剖面区域中表示材料类别时,应采用特定的剖面符号表示。国家标准《机械制图   剖面符号》(GB 4457.5—1984)中规定,在剖面图形上要画出剖面符号。不同的材料采用不同的剖面符号,各种材料的剖面符号见表 5-1。

表 5-1   剖面符号

材 料 名 称	剖面符号	材 料 名 称	剖面符号
金属材料 （已有规定剖面符号者除外）		木制胶合板	
线圈绕组元件		基础周围的泥土	
转子、电枢、变压器和电抗器 等的硅钢片		混凝土	
非金属材料 （已有规定剖面符号者除外）		钢筋混凝土	

材 料 名 称		剖面符号	材 料 名 称	剖面符号
型砂、填沙、粉末冶金、砂轮、陶瓷刀片、硬质合金刀片等			砖	
玻璃及供观察用的其他透明材料			格网（筛网、过滤网等）	
木材	纵剖面		液体	
	横剖面			

3．剖视图的标注

为便于读图,剖视图一般应标注。标注的内容包括以下三个要素。

（1）剖切线　指示剖切面的位置,用细点画线表示,剖视图中通常省略不画。

（2）剖切符号　指示剖切面起止和转折位置（用粗短线表示）及投射方向（用箭头表示）的符号,在剖面的起、迄和转折处标注与剖视图名称相同的字母。

（3）字母　表示剖视图的名称,用大写的拉丁字母标注在剖视图的上方。

标注的形式如图 5-11 中的 B—B。

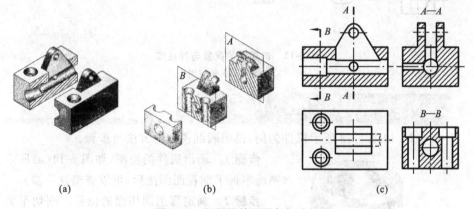

(a)　　　　　　(b)　　　　　　(c)

图 5-11　剖视图的配置与标注一

下列情况的剖视图可省略标注。

（1）当单一剖切面通过机件的对称平面或基本对称平面,且剖视图按投影关系配置,中间没有其他图形隔开时,可不标注,如图 5-8(d)中的主视图。

（2）当剖视图按基本视图或投影关系配置时,可省略箭头,如图 5-11 中的 A—A。

4．剖视图的配置

剖视图的位置配置有以下三种方式。

（1）按基本视图的规定位置配置。

（2）按投影关系配置在与剖切符号相对应的位置上。

（3）必要时允许配置在其他适当位置上。

剖视图应首先考虑配置在基本视图位置上，如图 5-12 中的 $B—B$ 剖视图和图 5-11 中的 $A—A$ 剖视图都在左视图的位置，属于第一种配置方式。由于左视图的位置已被占用，所以图 5-12 中的 $A—A$ 剖视图是按投影关系配置在剖切符号相对应的位置上，属于第二种配置方式。当上述两种方式都不便采用时，才考虑配置在其他适当的位置，如图 5-11 中的 $B—B$ 剖视图，属于第三种方式。

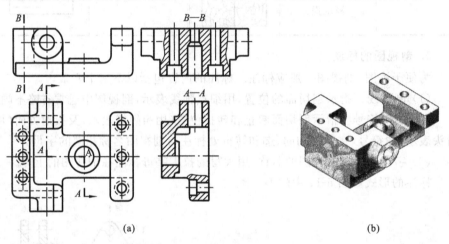

（a）　　　　　　　　　　　　　（b）

图 5-12　剖视图的配置与标注二

（a）视图　（b）轴测图

5.2.2　画剖视图的方法及步骤

例 5-2　以图 5-13 所示机件为例，说明画剖视图的方法与步骤。

步骤 1　画出机件的视图，如图 5-14（a）所示（熟练掌握了剖视图画法后，可以省略这一步）。

步骤 2　确定假想剖切面的位置。剖切平面应平行剖视图所在的投影面，并通过回转孔的轴线或机件的对称平面，如图 5-14（b）所示。

步骤 3　画出断面图形，并在断面上画出剖面符号（亦称为剖面线），如图 5-14（c）、图 5-14（d）所示。

图 5-13　机件的立体示意图

步骤 4　国家标准规定：对于机件的肋、轮辐

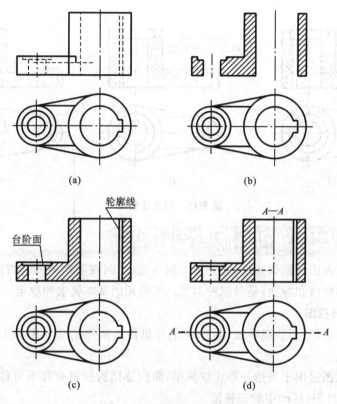

图 5-14　剖视图画法及步骤

及薄壁等,如按纵向剖切,这些结构都不画剖面符号,而用粗实线将它与邻接部分分隔开。

5.2.3　画剖视图时应注意的几个问题

(1) 画剖视图时,在剖切面后面的可见部分一定要全部画出,在剖切面后面的不可见轮廓线一般不画,只有对尚未表达清楚的结构,才用虚线表示,如图 5-15(a)、图 5-15(b)所示。不可就将已经假想移去的部分画出,如图 5-15(c)所示的是画剖视图时常见的错误。

(2) 由于剖切是假想的,所以将一个视图画成剖视图后,其他视图仍应按完整的机件画出,如图 5-8(d)中的俯视图。根据表达机件形状结构的需要,在一组视图中,可同时在几个视图上采用剖视,如图 5-16、图 5-17 所示。

(3) 画剖视图的目的是表达物体的内部结构形状,所以应使剖切平面平行于剖视图所在的投影面,且尽量通过内部结构(孔、槽等)的对称平面或轴线,如图 5-11、图 5-12、图 5-15 所示。

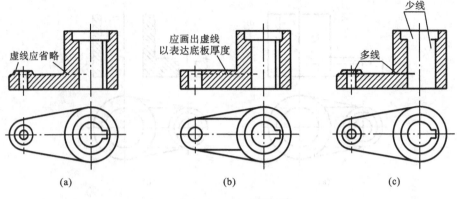

(a)   (b)   (c)

图 5-15   剖视图画法

根据剖视图的剖切范围，可分为全剖视图、半剖视图和局部剖视图三种。前述剖视图的画法和标注，是对三种剖视图都适用的基本要求和规定。

1. 全剖视图

用剖切面（平面或圆柱面）完全地剖开机件后所得的剖视图称为全剖视图，简称全剖视。

全剖视图适用于表达外形比较简单，而内部结构较复杂且不对称的机件，如图 5-8(d)、图 5-11(b)中的主视图。

同一机件可以假想进行多次剖切，画出多个剖视图，如图 5-11、图 5-16 所示。必须注意，各剖视图的剖面线方向和间隔应完全一致，且剖视图按投影关系配置，故可省略标注。

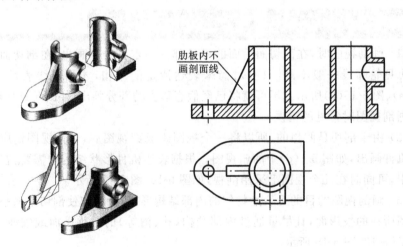

图 5-16   全剖视图

2. 半剖视图

当机件具有对称平面时,在垂直于对称平面的投影面上投影所得到的图形,以对称中心线为界,一半画成剖视图,一半画成正常视图,这种组合的图形称为半剖视图。如图 5-17 所示,机件左右及前后都对称,所以它的主视图、俯视图和左视图可分别画成半剖视图。

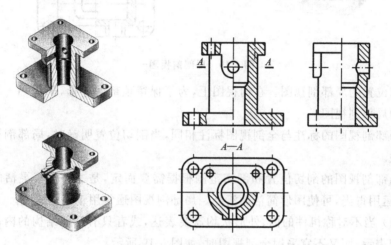

图 5-17 半剖视图一

半剖视图既表达了机件的内部结构形状,又保留了外部形状,所以常用于内、外形状都比较复杂的对称机件。

当机件的形状接近对称,且不对称部分已另有图形表达清楚时,也可画成半剖视图,如图 5-18 所示。

画半剖视图时应注意以下几个方面。

(1)半个剖视图与半个视图的分界线应为细点画线,不得画成粗实线,且半剖视图标注按全剖视图标注。

(2)机件内部形状已在半剖视图中表达清楚的,在另一半表达外形的视图中一般不再画出虚线。

(3)对于孔或槽等,应画出中心线的位置,并且对于那些在半个剖视图中未表示清楚的结构,可以在半个视图中作局部剖视。图 5-17 所示的主视图中两处采用了局部剖视。

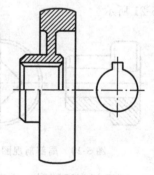

图 5-18 半剖视图二

3. 局部剖视图

用剖切平面局部地剖开机件所得到的剖视图称为局部剖视图。

如图 5-19 所示的箱体,其顶部有一矩形孔,底板上有四个安装孔,箱体的左右、上下、前后都不对称。为了兼顾内外结构形状的表达,将主视图画成两个不

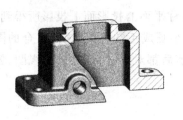
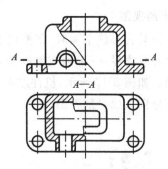

图 5-19　局部剖视图一

同剖切位置的局部剖视图。在俯视图上，为了保留顶部的外形，采用 $A—A$ 剖切位置的局部剖视图。

局部剖视图的标注与全剖视图标注相同，当剖切位置明确时，局部剖视图不必标注。

局部剖视图的剖切位置和剖切范围根据需要而定，是一种比较灵活的表达方法，运用得当，可使图形简洁而清晰。局部剖视图通常用于下列情况。

（1）当不对称机件的内、外形状均需要表达，或者只有局部结构的内部形状需剖切表示，而又不宜采用全剖视图时，如图 5-19 所示。

（2）当对称机件的轮廓线与中心线重合，不宜采用半剖视图时，如图 5-20 所示。

（3）当实心机件（如轴、杆等）上面的孔或槽等局部结构需剖开表达时，如图 5-21 所示。

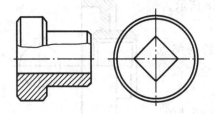
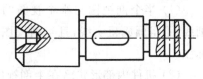

图 5-20　局部剖视图二　　　　　　图 5-21　局部剖视图三

画局部剖视图时应注意以下几个方面。

（1）当被剖的局部结构为回转体时，允许将该结构的中心线作为局部剖视图与视图的分界线，如图 5-22 所示。图 5-20 所示的方孔部分，只能用波浪线（断裂边界线）作为分界线。

（2）局部剖视图是一种比较灵活的表达方法，哪里需要哪里剖。但在同一个视图中，使用局部剖视图的次数不宜过多，否则会显得零乱，影响图形清晰。

（3）局部剖视图的标注方法与全剖视图的标注方法相同。当单一剖切平面的剖切位置明显时,局部剖视的标注可省略。

局部剖视图的剖切范围也可以用双折线代替波浪线分界,如图 5-23 所示。

(4) 剖切位置与范围根据需要而定,剖开部分和原视图之间用波浪线分界。波浪线应画在机件的实体部分,不能超出视图的轮廓线或与图样上其他图线重合,如图 5-24 所示。

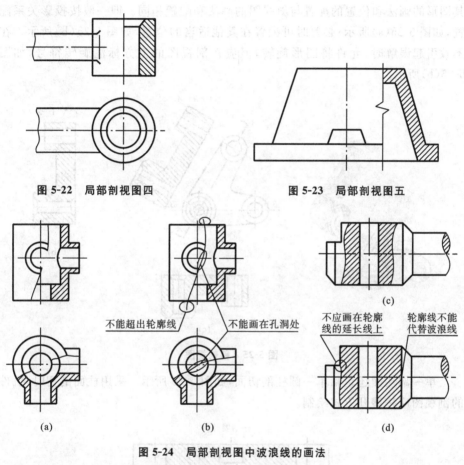

图 5-22 局部剖视图四   图 5-23 局部剖视图五

不能超出轮廓线   不能画在孔洞处

不应画在轮廓线的延长线上   轮廓线不能代替波浪线

(a)   (b)   (c)   (d)

图 5-24 局部剖视图中波浪线的画法
(a) 正确 (b) 错误 (c) 正确 (d) 错误

5.2.5 剖切面的选用和剖切方法

根据机件的结构特点和表达需要,可选用单一剖切面、几个平行的剖切平面和几个相交的剖切面剖开机件。

1. 单一剖切面

当机件的内部结构位于一个剖切面上时,可选用单一剖切面。单一剖切面包括单一的剖切平面或柱面。应用最多的是单一剖切平面。单一剖切平面一般为投影面平行面。前面介绍的全剖视图、半剖视图和局部剖视图的例子都是采用平行于基本投影面的单一剖切平面剖开机件的,可见这种方法应用最普遍。

当机件上倾斜部分的内部结构形状需要表达时,可选用一个与倾斜部分平行且垂直于某一基本投影面的剖切平面剖开机件,然后将剖切平面后面的机件向与剖切平面平行的投影面上投射,如图 5-25 所示。

采用斜剖视图时,除了按照剖视图的规定,在剖切断面上画出剖面符号外,其图形的画法和位置的配置与斜视图的画法和配置相同。即一般按投影关系配置,如图 5-25(a)所示;必要时可配置在其他适当的位置,如图 5-25(b)所示。在不致引起误解时,允许将图形旋转,但应在剖视图的上方标注旋转符号,如图 5-25(b)所示。

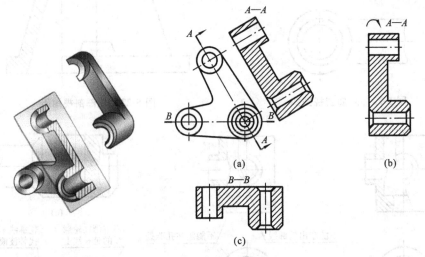

图 5-25　斜剖视图

单一剖切面还包括单一圆柱剖切面,如图 5-26 所示。采用柱面剖切时,机件的剖视图应按展开方式绘制。

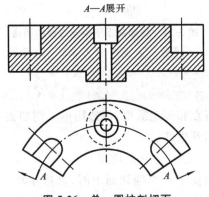

图 5-26　单一圆柱剖切面

2. 几个平行的剖切平面

当机件的内部结构位于几个平行平面上时,可采用几个平行的剖切平面来剖切。

如图 5-27(a)所示,机件上几个孔的轴线不在同一平面内,如果用一个剖切平面剖切,不能将内部形状全部表达出来。为此,采用两个互相平行的剖切平面沿不同位置孔的轴线剖切,这样就可在一个剖视图上把几个孔的形状表达清楚了。这种剖视图的标注方法如图 5-27(b)所示,如果剖切符号的转折处位置有限时,可省略字母。

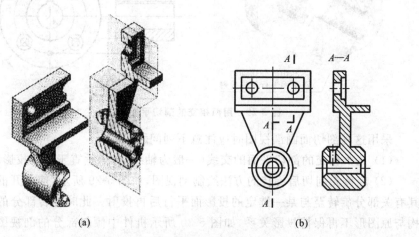

图 5-27　用几个平行的剖切平面剖切一

采用这种剖切平面画剖视图时应注意以下几个方面的问题。

(1) 因为剖切是假想的,所以在剖视图上不应画出剖切平面转折的界限,如图5-28(a)所示。

(2) 在剖视图中不应出现不完整要素,如图 5-28(b)所示。只有当两个要素在图形上具有公共对称中心线或轴线时,方可各画一半,如图 5-28(c)中的 A—A。

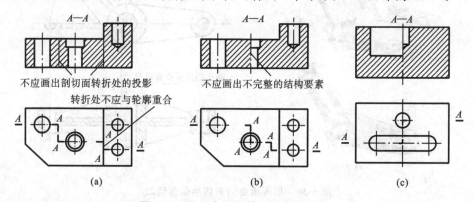

图 5-28　用几个平行的剖切平面剖切二

3．几个相交的剖切面（交线垂直于某一投影面）

当机件的内部结构形状用单一剖切面不能完整表达时，可采用两个（或两个以上）相交的剖切面剖开机件，如图 5-29 所示，并将与投影面倾斜的剖切面剖开的结构及有关部分旋转到与投影面平行后再进行投射。

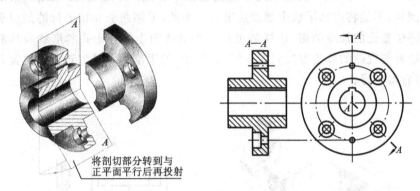

图 5-29　用两相交的剖切平面剖切一

采用这种剖切面画剖视图时应注意下列问题。

（1）几个相交的剖切平面的交线（一般为轴线）必须垂直于某一投影面。

（2）应按先剖切后旋转的方法绘制剖视图，如图 5-29 所示，使剖开的结构及其有关部分旋转至与某一选定的投影面平行后再投射。此时旋转部分的某些结构与原图形不再保持投影关系，如图 5-30 所示机件中倾斜部分的剖视图。在剖切面后面的结构，如图 5-30 中的油孔，仍按原来的位置投射。

（3）采用这种剖切面剖切后，应对剖视图加以标注，标注方法如图 5-29、图 5-30 所示。

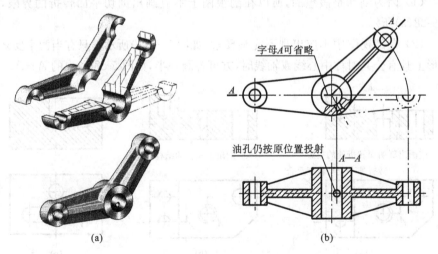

（a）　　　　　　　　　　　　　（b）

图 5-30　用两相交的剖切平面剖切二

如图 5-31 所示为用三个相交的剖切面剖开机件来表达内部结构的实例。

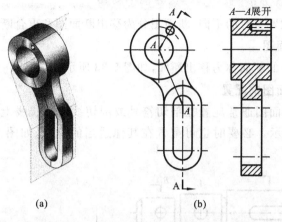

(a)　　　　　　　(b)

图 5-31　用三个相交的剖切面剖切时的剖视图

5.3　断　面　图

5.3.1　断面图的概念

假想用剖切面将机件的某处切断,仅画出剖切面与机件接触部分的图形称为断面图,简称断面。如图 5-32(a)所示的小轴,为了将轴上的键槽表达清楚,假想用一个垂直于轴线的剖切平面在键槽处将轴切断,只画出断面的图形,并画上剖面符号,即为断面图,如图 5-32(b)所示。

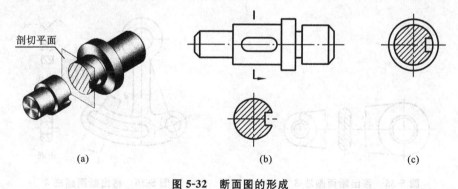

(a)　　　　　　　　(b)　　　　　　　　(c)

图 5-32　断面图的形成

剖视图与断面图的区别是:断面图只画机件被剖切后的断面形状,而剖视图除了画出断面形状之外,还必须画出机件上位于剖切剖面后的可见轮廓线,如图 5-32(c)所示。断面图的画法要遵循国家标准《技术制图　图样画法　剖视图和断面图》(GB/T 17452—1998)、《机械制图　图样画法　剖视图和断面图》(GB/T 4458.6—2002)的规定。

5.3.2 断面图的种类及画法

按断面图配置位置的不同,断面图分为移出断面图和重合断面图两种。

1. 移出断面图

画在视图外的断面称为移出断面,如图 5-33 所示。

1) 移出断面图的配置

(1) 移出断面图通常配置在剖切符号或剖切线的延长线上,如图 5-33(b)、(c)和图 5-34 所示。必要时也可配置在其他适当的位置,如图 5-33 中的 $A—A$ 和 $B—B$。

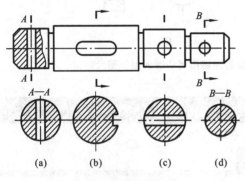

图 5-33　移出断面画法 1　　　　　　　图 5-34　移出断面画法 2

(2) 当断面图形对称时,移出断面图可配置在视图的中断处,如图 5-35 所示。

(3) 在不致引起误解时,允许将图形旋转,如图 5-36 中的 $A—A$。

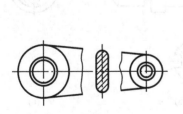

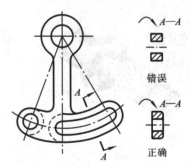

图 5-35　移出断面画法 3　　　　　　　图 5-36　移出断面画法 4

2) 移出断面图的画法

(1) 移出断面图的轮廓线用粗实线绘制。当剖切平面通过由回转面形成的孔或凹坑的轴线时,这些结构应按剖视绘制,如图 5-33 和图 5-37 所示。

(2) 当剖切平面通过非圆孔,会导致完全分离的两个断面时,这些结构也应按剖视图绘制,如图 5-36 所示。

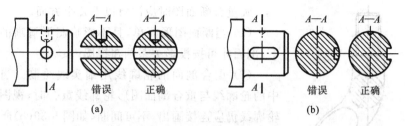

错误　　正确　　　　　　　错误　　正确

(a)　　　　　　　　　　(b)

图 5-37　移出断面图画法正误对比

（3）剖切平面应与被剖切部分的主要轮廓线垂直。由两个或多个相交的剖切平面剖切所得到的移出断面图，中间应断开，如图 5-34 所示。

3）移出断面图的标注

画出移出断面图后，应按国家标准的规定进行标注。剖视图标注的三要素同样适用于移出断面图。移出断面图的配置及标注方法见表 5-2。

表 5-2　移出断面图的配置与标注

配　　置	对称的移出断面	不对称的移出断面
配置在剖切线或 剖切符号延长线上	剖切线(细点划线)	
	不必标注字母和剖切符号	不必标注字母
按投影关系配置	A—A	A—A
	不必标注箭头	不必标注箭头
配置在其他位置	A—A	A—A
	不必标注箭头	应标注剖切符号（含箭头）和字母

2. 重合断面图

画在视图内的断面称为重合断面，如图 5-38 所示。

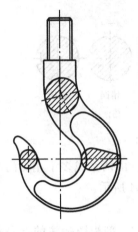

图 5-38　重合断面

画重合断面图时应注意以下几个方面。

（1）当断面图形简单，且不影响图形清晰的条件下，剖面才可按投影关系画在视图内。

（2）重合剖面的轮廓线用细实线绘制。当视图中的轮廓线与重合剖面图形轮廓线重合时，视图中的轮廓线仍应连接画出，不可间断，如图 5-39（b）所示。

重合断面图的标注方法如下。

（1）对称的重合剖面，不必标注，如图 5-39（a）所示。

（2）不对称的重合剖面，在不致引起误解的情况下，可省略标注，如图 5-39（b）所示的剖切符号和箭头均可省略。

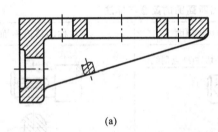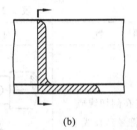

(a)　　　　　　　　　　　　　　　　(b)

图 5-39　重合断面图的标注

(a)支架　(b)角钢

5.4　局部放大图和简化画法

5.4.1　局部放大图

在用视图表达机件的主要结构时，所选的绘图比例是从整体的角度来考虑的，但对某些细微的局部结构不一定适合。将机件的这些结构用大于原图形所采用的比例画出的图形称为局部放大图，如图 5-40 所示。

（1）局部放大图可画成视图、剖视、剖面，它与被放大部分的表达方式无关。

（2）局部放大图应尽量配置在被放大部位的附近，如图 5-40 所示。

（3）绘制局部放大图时，除螺纹牙形、齿轮和链轮的齿形外，应用细实线圈出被放大的部位，并在局部放大图的上方注明所采用的比例，如图 5-41 所示。

（4）当同一机件上有几个被放大的部分时，必须用罗马数字依次标明被放大的部位，并在局部放大图的上方标出相应的罗马数字和所采用的比例，以便将局部放大图和被放大部位对应起来，方便看图，如图 5-42 所示。

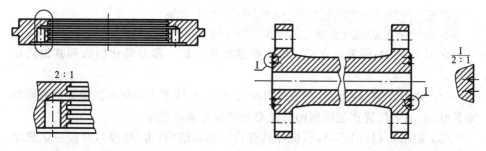

图 5-40　局部放大图　　　　　　　图 5-41　用细实线圈出放大部位

（5）同一机件上不同部位的局部放大图，当图形相同或对称时，只需要画出一个，如图 5-42 所示。

（6）必要时，可用几个图形表达同一被放大部分的结构，如图 5-43 所示。

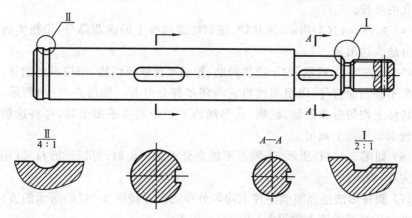

图 5-42　不同部位相同结构的局部放大图

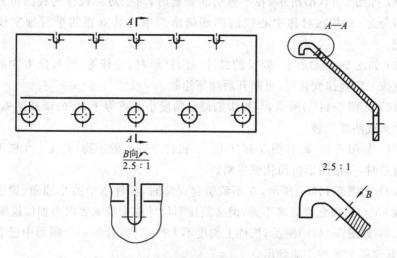

图 5-43　用几个视图表达放大部位的结构

5.4.2 简化画法和其他规定画法

在图 5-44 中,简要地介绍了国家标准所规定的一部分简化画法和其他规定画法。

(1) 如图 5-44(a)所示,在不致引起误解时,零件图中的移出剖面允许省略剖面符号,但剖切位置和剖面图的标注必须遵照原来的规定。

(2) 如图 5-44(b)所示,当机件具有若干相同结构(齿、槽等),并按一定规律分布时,只需画出几个完整的结构,其余用细实线连接,在零件图中则必须注明该结构的数量。

(3) 如图 5-44(c)所示,若干直径相同且成规律分布的孔(圆孔、螺孔、沉孔等)可以仅画出一个或几个,其余只需用点画线表示其中位置。在零件图中,应注明孔的数量。

(4) 如图 5-44(d)所示,网状物、编织物或机件上的滚花部分,用粗实线完全或部分地表达出来。

(5) 如图 5-45 所示,对于机件的肋、轮辐及薄壁等结构,如按纵向剖切,这些结构都不画剖面符号,用粗实线将它与邻接部分分开。如图 5-44(e)所示,当零件回转体上均匀分布的肋、轮廓、孔等结构不处于剖切平面上时,可将这些结构旋转到剖切平面上画出。

(6) 如图 5-44(f)所示,当图形不能充分表达平面时,可以平面符号(相交的两细实线)表示。

(7) 圆柱形法兰和类似零件上均匀分布的孔可按图 5-44(g)所示的方法(由机件外向该法兰端面方向投影)表示。

(8) 如图 5-44(h)所示,在不致引起误解时,对于对称机件的视图可只画一半或四分之一,并在对称中心线的两端画出两条与其垂直的平行细实线作对称标记。

(9) 如图 5-44(i)所示,较长的机件(柱、杆形材、连杆等)沿长度方向的形状一致或按一定规律变化时,可断开后缩短绘制。

(10) 如图 5-44(j)所示,与投影画倾斜角度小于或等于 30° 的圆或圆弧,其投影可用圆或圆弧代替。

(11) 如图 5-44(k)和图 5-44(l)所示,机件上较小的结构,若在一个图形中已表示清楚时,其他图形可简化或省略。

(12) 如图 5-44(m)所示,在不致引起误解时,零件图中的小圆角、锐边的小倒圆或 45° 小倒圆允许省略不画,但必须注明尺寸或在技术要求中加以说明。

(13) 如图 5-44(n)所示,机件上斜度不大的结构,若在一个图形中已表达清楚时,其他图形可按小端画出。

(14) 零件上对称的局部视图,可按图 5-44(o)所示的方法绘制。

（15）如图 5-44(p)所示，在需要表示位于剖切平面前的结构时，这些结构按假想投影的轮廓线绘制。

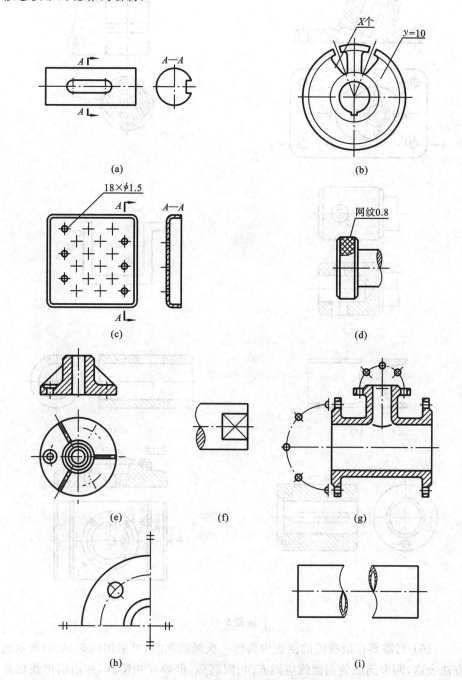

图 5-44 简化画法和其他规定画法

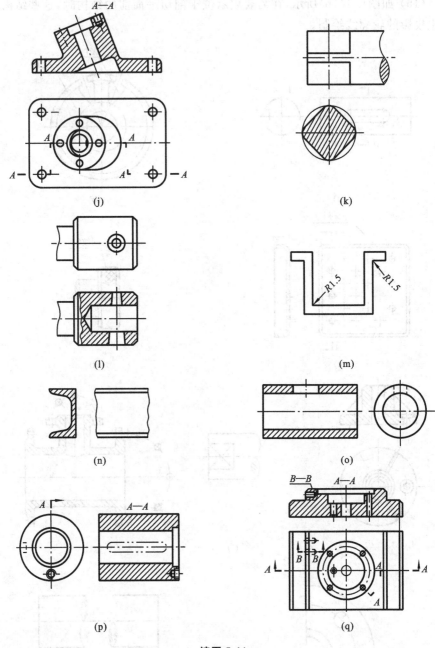

续图 5-44

　　(16)当需要在剖视图的剖面中再作一次局部剖时，可采用图 5-44(q)所示的方法表达，两个剖面的剖面线应同方向、同间隔，但要互相错开，并用引出线标注其名称；当剖切位置明显时，也可省略标注。

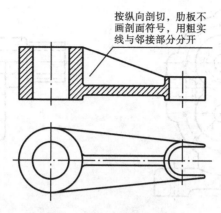

按纵向剖切，肋板不画剖面符号，用粗实线与邻接部分分开

图 5-45　肋板的表达方法

5.4.3　各种表达方法综合举例

在用视图表达一个零件时，应根据零件的具体结构特征，适当选用前面所述的机件常用的表达方法，画出一组视图，以完整、清晰表达出该零件的结构形状。

例 5-3　根据图 5-46 所示齿轮油泵泵体的三视图，想象出它的形状，并按完整、清晰的要求，选用比较合适的表达方法改画这个泵体。

解　按照下列步骤进行分析，想象出它的形状，重新选择视图。改画后的泵体如图 5-47 所示。

步骤 1　由图 5-46 所示的三视图想象出泵体的形状。

根据投影关系可以看出，泵体的主体部分是由两端的半圆柱和中部相接的长方体组成的，表面相接处用柱面光滑连接。对称面处的空腔由两个圆柱面形成。主体的前端还有一个凸缘。主体的后面有三个不同层次的凸台，凸台上部有一同轴圆柱孔与主体空腔相通。主体的左右两侧分别伸出一个凸台，凸台上有螺孔，孔的一侧与进或出油管相连，孔的另一端与空腔相通。泵体下部是一块有凹槽的带圆角的连接板，板的两边有两个安装孔。经过这样的分析，就可想象出这个泵体的整体形状。

步骤 2　选择合适的表达方式改画泵体的图形。

图 5-46 中的主视图和左视图，分别能从不同的方面较好地反映泵体的形状特征和相互位置关系，但考虑到主视图应尽量符合加工位置和工作位置的原则，同时使其他视图中少出现虚线等情况，现选择原右视图方向为主视图投影方向，将主视图画成全剖视图。泵体左右两侧的进油孔和出油孔以及底板上的安装孔分别画成局部剖视图，表达孔的穿通情况。后视方向的 A 向视图表达凸台的端面形状。

用一个仰视方向的 B 向视图表达底板的形状及底板上孔的分布，俯视图便可省略不画，由此就能完整、清晰地表达这个泵体形状了。

机械制图及计算机绘图（上册）

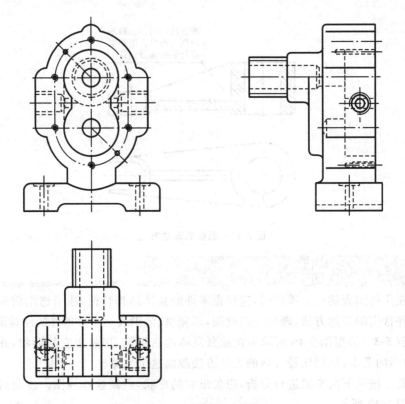

图 5-46　泵体的三视图

　　通过上面的分析和选择适当的表达方式，就可将图 5-46 改画成图 5-47，显然，后者比前者要清晰得多。

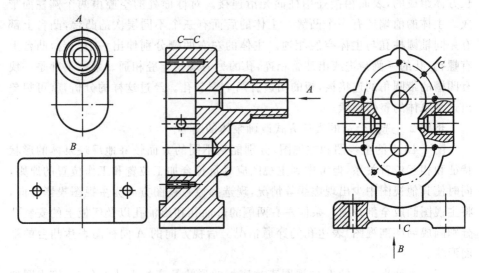

图 5-47　泵体的剖视表达

204

5.5　第三角投影法简介

《技术制图 投影法》(GB/T 14692—2008)规定:技术图样应采用正投影法绘制,并优先采用第一角画法。世界上多数国家(如中国、英国、法国、德国、俄罗斯等)都是采用第一角画法,但是,美国、日本、加拿大、澳大利亚等则采用第三角画法。为了便于日益增多的国际技术交流和协助,GB/T 14692—2008 还规定:必要时(如按合格规定等)允许使用第三角画法。所以,我们应该对第三角画法有所了解。

5.5.1　第三角画法与第一角画法的区别

如图 5-48 所示为三个互相垂直相交的投影面,将空间分为八个部分,每部分为一个分角,一次为Ⅰ～Ⅷ分角。

(1) 将机件放在第一分角内(H 面之上、V 面之前)得到的多面正投影为第一角画法(见图 5-49(a));将机件放在第三分角内(H 面之下、V 面之后)得到的多面正投影为第三角画法(见图 5-49(b))。第一角画法是将机件置于观察者与投影面之间进行投影;第三角画法是将投影面置于观察者与机件之间进行投影(把投影面看做是透明的)。

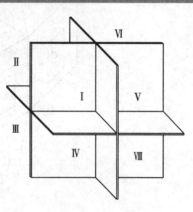

图 5-48　八个分角

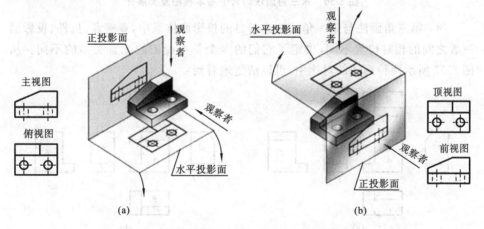

(a)　　　　　　　　　　　　　　(b)

图 5-49　第一角画法与第三角画法的位置关系对比

(a) 第一角画法　(b) 第三角画法

(2) 在第三角画法中,在 V 面上形成自前方投射所得的主视图,在 H 面上形成自上方投射所得的俯视图，在 W 面上形成自右方投射所得的右视图，如图5-49（b）所示。令 V 面保持正立位置不动，将 H 面、W 面分别绕它们与 V 面的交线向上、向右旋转 $90°$，与 V 面展成同一个平面，得到机件的三视图。与第一角画法类似，采用第三角画法的三视图也有下述特性，即多面正投影的投影规律：主、俯视图长对正；主、右视图高平齐；俯、右视图宽相等，前后对应。

（3）与第一角画法一样，第三角画法也有六个基本视图。将机件向正六面体的六个平面（基本投影面）进行投射，然后按图 5-50 所示的方法展开，即得六个基本视图，它们相应的配置如图 5-51(a) 所示。

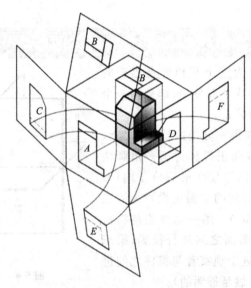

图 5-50　第三角画法的六个基本视图及其展开

（4）第三角画法与第一角画法在各自的投影面体系中，观察者、机件、投影面三者之间的相对位置不同，决定了它们的六个基本视图的配置关系的不同。从图 5-51 所示两种画法的对比中，可以清楚地看到：

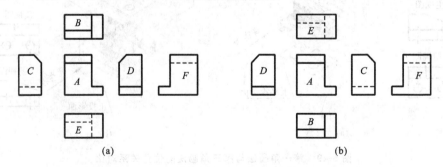

图 5-51　第三角画法与第一角画法的六面视图对比
（a）第三角画法　（b）第一角画法

第三角画法的俯视图和仰视图与第一角画法的俯视图和仰视图的位置对换；

第三角画法的左视图和右视图与第一角画法的左视图和右视图的位置对换；

第三角画法的主、后视图与第一角画法的主、后视图一致。

5.5.2 第三角画法与第一角画法的识别符号

为了识别第三角画法与第一角画法，规定了相应的识别符号，如图 5-52 所示。该符号一般标在图样标题栏的上方或左方。

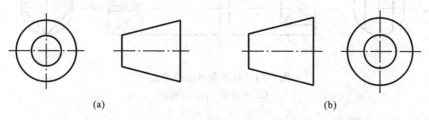

图 5-52 第三角和第一角画法符号

(a) 第三角画法符号 (b) 第一角画法符号

采用第三角画法时，必须在图样中画出第三角投影的识别符号；采用第一角画法时，在图样中一般不必画出第一画法的识别符号，但在必要时也须画出。

5.5.3 第三角画法的特点

在第三角画法中，投影面 W 上的视图是右视图；后视图是随着右视图展开，配置在右视图的右方。而在第一角画法中，在投影面 W 上的视图是左视图；后视图是随着左视图展开，配置在左视图的右方。由于第三角投影前后、左右关系符合人们日常观察物体的习惯，只要将前视图、顶视图、左视图(右视图)按轴测方向画出相应的轴测投影，再拼合起来则很容易由三视图想象出立体的形状，如图 5-53 所示。

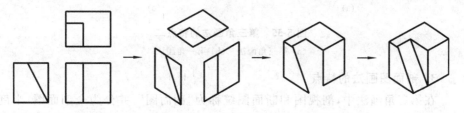

图 5-53 根据第三角投影想象出立体的形状

1. 便于读图

如前所述，第一角画法是将机件置于观察者与投影面之间进行投射，对于初学者容易理解和掌握基本视图的投影规律。

第三角画法是将投影面置于观察者与机件之间进行投射，即观察者先看到投影图,再看到机件,在六面视图中,除后视图外,其他视图都配置在相邻视图的近侧,方便识读。这一特点对于识读较长的轴、杆类零件图时尤为突出。如图5-54(a)所示,主视图左端的形状配置在主视图的左方,其右视图是将主视图右端的形状配置在主视图的右方。与第一角画法比较,显然用第三角画法的近侧配置更方便画图与读图。

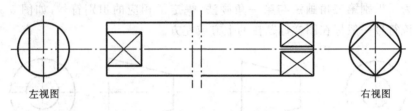

图 5-54　第三角画法的特点一

(a) 左视图　(b) 右视图

2. 便于表达

利用第三角画法近侧配置的特点,对于表达机件上的局部结构比较清楚简明。如图5-55所示,只要将局部视图或斜视图配置在适当位置,一般不再需要标注。

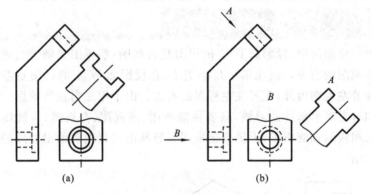

图 5-55　第三角画法的特点二

(a) 第三角画法　(b) 第一角画法

3. 剖面图画法的特点

在第三角画法中,剖视图和断面图统称为"剖面图",并分为全剖面图、半剖面图、破裂剖面图、旋转剖面图和阶梯剖面图。如图5-56所示,主视图采用阶梯全剖面,左视图取半剖面。在主视图中,左面的肋板也不画剖面线。肋的移出断面在第三角画法中称为移出旋转剖面,破裂线用粗实线画出。剖面的标注与第一角画法也不同,剖切线用粗双点画线表示,并以箭头指明投射方向。剖面的名称写在剖面图的下方。

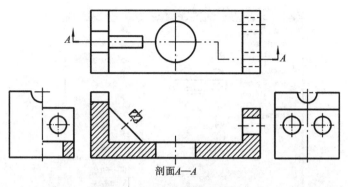

剖面A—A

图 5-56 第三角画法的特点三

5.6 AutoCAD 2008 绘制机件的剖视图

剖面线是工程图样中必不可少的图形符号。工程中用剖面线来区分图样中零、部件内部结构的实（实体）与虚（空心）关系和不同材质。AutoCAD 2008 提供了绘制、修改剖面线的命令，操作简单、使用方便。下面将介绍有关剖面线填充的命令，并以一个实例说明它的使用。

5.6.1 图案填充和渐变色命令

AutoCAD 2008 提供有"图案填充"和"渐变色"功能，用来对绘制的图形进行多种图案填充和渐变色渲染。操作方法如下。

（1）选择"绘图"下拉菜单中的"图案填充(H)…"菜单项，或者单击绘图工具栏的"图案填充"图标按钮 ⊞，打开"图案填充和渐变色"对话框，如图 5-57 所示。

（2）在"图案填充和渐变色"对话框中，单击"图案(P)"右侧的 ⋯ 图标，则弹出"填充图案选项板"对话框，如图 5-58 所示，其各个选项里显示有多种填充图案及名称列表，用户可根据需要从表中选择合适的图案，也可单击"图案(P)"右侧的向下箭头，由列表中直接选择图案的名称。对于金属材料，通常选择剖面线为45°的平行线，名称为 ANS131，单击"确定"按钮退出。

（3）在"图案填充和渐变色"对话框中，单击"边界"选区的 ⊞（添加：拾取点）图标，则"图案填充和渐变色"对话框暂时消失，出现所画图形，此时分别在需要画剖面符号的各个视图区域中的任意位置处单击，系统自动搜索出封闭的区域为填充边界，该区域会以虚线显示。如果所选择的区域不呈封闭图形，则系统会给以提示，并不对该区域进行填充操作。

（4）"角度(G)"、"比例(S)"选项可以改变填充改画的角度和间距比例。单

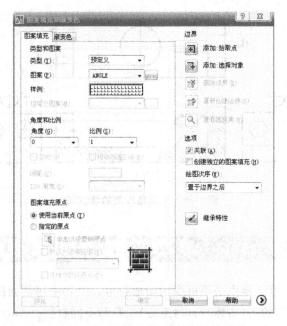

图 5-57　"图案填充和渐变色"对话框

图 5-58　"填充图案选项板"对话框

击 🖌（继承特性）图标，可以选择和图中原有的填充图案同样的图案对新图形进行填充。

（5）单击"确定"按钮，结束操作。

同一次图案填充操作所绘制的实体是一个整体,如果需要编辑操作,应该先选择"修改"工具栏中的"分解"命令,把图案分解。

选择"图案填充和渐变色"对话框中的"渐变色"选项卡,可以对图形进行渲染,操作方法基本同上。

5.6.2 图案填充的方式

AutoCAD 2008 允许用户以如下三种方式填充剖面线。

(1) 一般方式(normal) 如图 5-59(a)所示,该方式从最外边界开始向里画剖面线,遇到内部对象与之相交时断开剖面线,直到遇到下一次相交时再继续画剖面线。采用这种方式,要避免每条剖面线在边界内部与对象的相交次数为奇数。该填充方式为 AutoCAD 2008 的缺省填充方式。

(2) 最外层方式(outermost) 如图 5-59(b)所示,该方式从边界向里画剖面线,只要在边界内部与对象相交,剖面线则由此断开,不再继续往里画。

(3) 忽略方式(ignore) 如图 5-59(c)所示,该方式忽略边界内的对象,所有内部结构都被剖面线覆盖。

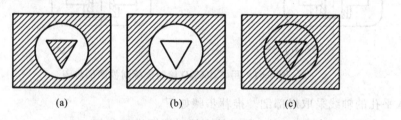

(a) (b) (c)

图 5-59 图案填充的方式

(a) 一般方式 (b) 最外层方式 (c) 忽略方式

对特殊对象(如区域填充(solid)、等宽线(trace)、文本(text)、形(shape)和属性等),当选择一般方式填充图案时,如果在边界内遇到了这些对象,则填充图案就会自动断开,就像用一个比它们略大的看不见的框子保护起来一样,使得这些对象更加清晰,如图 5-60 所示。

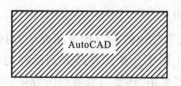

图 5-60 填充图案自动断开

5.6.3 用 AutoCAD 命令绘制剖视图

例 5-4 绘制如图 5-61(a)所示的支架剖视图。

根据支架的结构特点,选择左视图沿着左右对称平面进行全剖,俯视图沿着

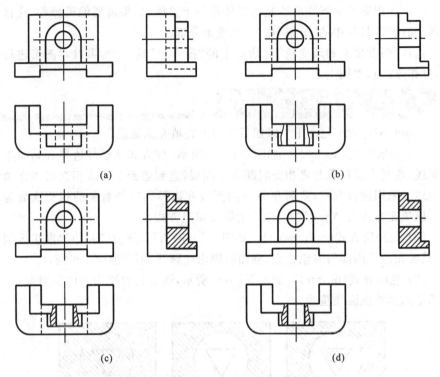

(a)   (b)

(c)   (d)

图 5-61 用 AutoCAD 绘制支架剖视图的步骤

水平孔的轴线采取局部剖。推荐步骤如下。

步骤 1 对图 5-61(a)所示的支架三视图进行分析。

步骤 2 将 Thin 设置为当前层，单击绘图工具栏中的 ～（样条曲线）图标，绘制俯视图中局部剖视的边界波浪线（波浪线绘制时，起讫位置最好超出轮廓线，然后再将超出的线段用修剪命令修剪掉）。

步骤 3 运用"修剪"命令和"删除"命令，清除掉多余的线条。

步骤 4 运用"特性管理器"，将俯视图和左视图中原不可见的细虚线改为可见粗实线，如图 5-61(b)所示。

步骤 5 单击绘图工具栏中的 ▨（图案填充…）图标，打开"图案填充和渐变色"对话框，选择 ANS131 图案。在需要绘制剖面线的区域单击拾取，选取完四个需要填充的边界后可以单击"预览"，查看绘图效果，利用"比例(S)"选项选择合适的剖面线间距，最后单击"确定"按钮退出。填充后的图形如图 5-61(c)所示。

步骤 6 删除主视图和俯视图中的细虚线，整理图线，完成全图，如图 5-61(d)所示。

步骤 7 选择"文件(F)"下拉菜单中的"另存为(A)…"菜单项，将图形取名后存盘。

本 章 小 结

国家标准《机械制图　图样画法　视图》(GB/T 4458.1—2002)中对机件的表达方法有很多种,常用的表达方法可归纳如下。

机件的常用表达方法

分　类		适 用 情 况	注 意 事 项
视图	基本视图	用于表达机件的外形	按规定位置配置各视图时,不用标注,否则必须标注
	向视图	用于表达机件自由配置图形的位置	用箭头和水平书写的字母表示要表达的部位和投影方向,并在所画视图的上方用相同字母标注名称"×向"
	局部视图	用于表达机件的局部外形	
	斜视图	用于表达机件的倾斜部分的外形	
剖视图	全剖视图	用于表达机件的整个内部的结构形状	各种剖切方法都可用于这三种剖视图;一般需要标注剖切符号、箭头、字母和名称"×—×";一般情况下,基本视图上的单一剖切大都可以不标注;斜剖视、阶梯剖视、旋转剖视及复合剖视则必须标注
	半剖视图	用于表达机件有对称平面的外部及内部结构形状	
	局部剖视图	用于表达机件局部的内部结构并保留其局部的外部结构形状	
断面图	移出断面图	用于表达机件局部结构的断面形状	一般应标注,标注方法同剖视图,但剖面图为对称图形时可省略箭头;剖面图画在剖切位置的延长线上时可略字母
	重合断面图	用于表达机件局部结构的断面形状,且不影响图形清晰的情况	

参 考 文 献

[1] 蔡慧玲. 机械制图[M]. 武汉:华中师范大学出版社,2007.

[2] 赵大兴. 现代工程图学教程[M]. 武汉:湖北科学技术出版社,2009.

[3] 左晓明,王黛雯. 机械制图[M]. 北京:高等教育出版社,2009.

[4] 金大鹰. 机械制图[M]. 2版. 北京:机械工业出版社,2011.

[5] 李慧,彭雁. AutoCAD2008 实用教程[M]. 北京:北京工业大学出版社,
     2011.

[6] 董继明. 机械制图与 CAD[M]. 北京:北京理工大学出版社,2008.